菜根谭

[明]洪应明◎著

闫盼印◎编译

江苏凤凰科学技术出版社·南京

图书在版编目（CIP）数据

菜根谭 /（明）洪应明著；闫盼印编译 . — 南京：江苏凤凰科学技术出版社，2018.9（2022.5 重印）

ISBN 978-7-5537-8019-1

Ⅰ . ①菜… Ⅱ . ①洪… ②闫… Ⅲ . ①个人 – 修养 – 中国 – 明代 Ⅳ . ① B825

中国版本图书馆 CIP 数据核字（2017）第 031186 号

菜根谭

著　　者	【明】洪应明
编　　译	闫盼印
责任编辑	祝　萍
责任监制	方　晨
出版发行	江苏凤凰科学技术出版社
出版社地址	南京市湖南路 1 号 A 楼，邮编：210009
出版社网址	http://www.pspress.cn
印　　刷	文畅阁印刷有限公司
开　　本	718 mm × 1 000 mm　1/16
印　　张	15.5
插　　页	2
字　　数	278 000
版　　次	2018 年 9 月第 1 版
印　　次	2022 年 5 月第 2 次印刷
标准书号	ISBN 978-7-5537-8019-1
定　　价	39.80 元

前言

在明末清初的作品之中，《菜根谭》是最著名也是影响力最大的一本书。此书博采儒、道、佛三家思想之所长，汲取了中华几千年的文化精髓，融处世哲学、生活艺术、审美情趣于一体，化为大多数人均可认同的道德规范和人生准则，以激发人心向善。其对人的正心、修身、养性、育德具有不可小视的潜移默化的力量。因此，该书自问世之日起，便盛传不衰，历来被奉为处世修身之宝典。

《菜根谭》的文字简练明隽，意境空灵淡泊，而所阐释的为人处世的智慧更是能警世感人，使人们能够明心见性，彻悟人生。全书以天理道德为基础，反复阐述息妄以修真的办法，教人存天理、节人欲，知“天理路上甚宽，人欲路上甚窄”，力脱俗情、淡泊名利，以保天性。

关于《菜根谭》的作者，一标洪自诚著，分前后两集，前集有225章，后集有135章，共计360章；一标洪应明著，有乾隆三十三年（1768年）三山病夫的序，分成修省、应酬、评议、闲适、概论五项。但《四库全书总目提要》卷二十八·子部·小说家存目中《仙佛奇踪》有这样的记载：“明洪应明撰。应明字自诚，号还初道人，其籍贯未详。”由此可知，洪自诚就是洪应明。关于洪应明的事迹并无正史可稽，只知他身处政治昏暗的明朝末年，在内忧方面，朝中有严嵩、魏忠贤等先后擅权，出现反对太监专权的东林党；民间有流民暴动。在外患方面，鞑靼屡扰北方；东南沿海则时有倭寇骚扰。国无明君、朝野动荡的局面告诉人们，“至君尧舜上”的雄心对这一代文人而言是不切实际的。因此，他放怀于名利之外，对功名富贵看得很淡泊，而专心埋首于写作，著有《菜根谭》《联瑾》《樵谈》《笔畴》《传家宝》等书，可惜只有《菜根谭》一书传世，其余均已散失。然而，只此一书也足以使他的人生理想和对世人的关爱之情流芳百世、光耀千古！

前言

《菜根谭》一书名称的由来，得自宋代儒者汪信民所说“得常咬菜根，即做百事成”，古人常以“咬菜根”比喻甘于本性、安贫乐道。洪应明取此书名，寓意在淡淡乏味的菜根中有着无限真味的存在，表示能经受艰难困苦，才能成就伟大事业；要世人放弃倾轧之心，而在清苦历练之中敦品励行、修身养性。读《菜根谭》需要人们平心静气地细细玩味，才能体会出这些看似平凡的语言中蕴藏着的伟大意义。书中字字珠玑，在简洁平淡的话语中饱含着深刻丰富的人生真谛，教诲世人要不为流俗所囿而能达观，将人生遭遇化为可以欣赏咀嚼的对象，以消弭无常的悲情。书中所述皆为儒、佛、道三家之精髓，底蕴深厚，意旨高远，能为充满物质欲望的人们挹注一股透见人世的力量，使人们在纷乱的世事面前立定脚跟，把握好人生的方向。

书中主要以佛道清静无为的思想指导人们如何修身养性，对于因欲望而迷失自己的人们而言，其价值当然是不可估量的。然而，对于众多阅读此书的风华正茂的青年人来讲，它不免有些枯寂和消极。因此，作为时代骄子的年轻一代更应汲取其中积极用世、进取有为的精神作为自己人生的指导，以蓬勃的朝气、远大的志向，理性地审视淡泊与进取、无为与有为之间的辩证关系，以更宽厚、更通达、更积极的心态去追求自己的理想人生。

本书将《菜根谭》重新整理编排，并加以注释和评析，以一种新的面貌呈现在读者面前。相信这部点化人生的经典，对生活步调紧凑、压力繁重的现代人仍深具教益，能为处于社会多元化价值观中的人们指点迷津，使其不至于因为各种价值取向混淆而缺乏人与人之间的共识。期望读者能够细细品味，并从中发掘生活的乐趣，领略生命的意义。真正悟出其中的精髓之后会发现，原来生活的道路竟是如此宽广，人生的意境又是那样的高远。

目录

求学励志篇

净从秽生　明从晦出 / 14
忧劳兴国　逸豫亡身 / 14
君子穷当益工　勿失风雅气度 / 15
厚德以积福　修道以解困 / 16
磨炼福久　参勘知真 / 16
顺境不足喜　逆境不足忧 / 17
困苦穷乏　锻炼身心 / 18
节义来自暗室漏屋　经纶缲出临深履薄 / 18
金须百炼　矢不轻发 / 19
坎坷世道　耐而撑持 / 19
老当益壮　大器晚成 / 20
诚可感动天地　伪则形影自愧 / 21
处逆境时比于下　心怠荒时思于上 / 21
喜忧安危　勿介于心 / 22
伏久者飞高　开先者谢早 / 23
幻中求真　雅不离俗 / 23
生生之意　天地本心 / 24
花鸟尚绘春　人生莫虚度 / 24
心事宜明　才华须韫 / 25
脱俗成名　超凡入圣 / 26
恶人读书　适以济恶 / 26
性天未枯　机神宜触 / 27
读心中之名文　听本真之妙曲 / 27
欲路上勿染指　理路上勿退步 / 28
大智若愚　大巧若拙 / 29
虚心明义理　实心却物欲 / 29
辨别是非　认识大体 / 30
勿妄自菲薄　勿自夸自傲 / 31
理寂事寂　心空境空 / 31
道乃公正无私　学当随事警惕 / 32
藏才隐智　任重致远 / 33
若要功夫深　铁杵磨成针 / 33

理出于易　道不在远 / 34
观形不如观心　神用胜过迹用 / 34
诗思野兴　出于自然 / 35
学贵有恒　道在悟真 / 36
宽严得宜　勿偏一方 / 36
修德须忘功名　读书定要深心 / 37
居官爱民　立业种德 / 38
胸次玲珑　触物会心 / 38
拙意无限　巧象含衰 / 39
道者应有木石心　名相须有云水趣 / 39
量弘识高　功德日进 / 40
外伤易医　心障难除 / 41
意见害心　聪明障道 / 41
物出天然　意适无事 / 42
手舞足蹈　心融神洽 / 42
打好根基　终成令器 / 43
人生无常　不可虚度 / 44

齐家从政篇

弄权一时　凄凉万古 / 46
骄矜无功　忏悔灭罪 / 46
轩冕客志在林泉　山林士胸怀廊庙 / 47
登高知危　处乱勿躁 / 48
无胜于有德行之行为　无劣于有权力之名誉 / 48
保已成之业　防将来之非 / 49
一念贪私　万劫不复 / 50
多种功德　勿贪权位 / 50
勿犯公论　勿陷权门 / 51
无过便是功　无怨便是德 / 51
淡泊名利　自适其性 / 52
急流勇退　与世无争 / 53
不希荣达　不畏权势 / 53
勿羡名位　勿忧饥寒 / 54
浓不胜淡　俗不如雅 / 55
明世相之本体　负天下之重任 / 55
位盛危至　德高谤兴 / 56
明利害之情　忘利害之虑 / 57
操持严明　守正不阿 / 57
事上敬谨　待下宽仁 / 58
天下无事　雄心宜平 / 58
读易晓窗　谈经午案 / 59
为生民立命　为子孙造福 / 60
去声华名利　做正人君子 / 60
以物付物　出世于世 / 61
居官无私　居乡有情 / 61
闲时吃紧　忙里悠闲 / 62
快意须早回头　拂心莫便放手 / 63
天道忌盈　卦终未济 / 63
做事勿太苦　待人勿太枯 / 64
原其初心　观其末路 / 64
苦中有乐　乐中有苦 / 65
立身要高一步　处世须退一步 / 66
抱身心之忧　耽风月之趣 / 66

居安思危　天亦无法 / 67
多喜养福　去杀远祸 / 68
未雨绸缪　有备无患 / 68
持盈履满　君子兢兢 / 69
大处着眼　小处着手 / 70
成败生死　不必强求 / 70
忙里偷闲　闹中取静 / 71
盛极必衰　剥极必复 / 72
震聋启聩　临深履薄 / 72
功过不容少混　恩仇不可过明 / 73
立得脚定　回得头早 / 74
应以德御才　勿恃才败德 / 74
未雨绸缪　处进思退 / 75
躁极则昏　静极则明 / 76
花开则谢　人事惧满 / 76
上智下愚可与论学　中才之人难与下手 / 77
躁性偾事　平和徼福 / 78
过满则溢　过刚则折 / 78
虚圆立业　偾事失机 / 79
人能诚心和气　胜于调息观心 / 79
种田地须除草艾　教弟子严谨交游 / 80
春风解冻　和气消冰 / 81
从容处家族之变　剀切规朋友之失 / 81
正气路广　欲情道狭 / 82
一念一行　都宜慎重 / 83
为官公廉　居家恕俭 / 83
伦常本乎天性　不可任德怀恩 / 84
富贵多炎凉　骨肉多妒忌 / 85
当念积累之难　常思倾覆之易 / 85
心善而子孙盛　根固而枝叶荣 / 86

为人处世篇

抱朴守拙　涉世之道 / 88
出淤泥而不染　明机巧而不用 / 88
眼前放得宽大　死后恩泽悠久 / 89
让名远害　归咎养德 / 90
知退一步之法　加让三分之功 / 90
处世要方圆自在　待人要宽严得宜 / 91
不流于浓艳　不陷于枯寂 / 92
厚德载物　雅量容人 / 92
宴游惕虑　茕独惊心 / 93
能彻见心性　则天下平稳 / 94
操履不可少变　锋芒不可太露 / 94
处世要道　不即不离 / 95
藏巧于拙　寓清于浊 / 95
身陷事中　心超物外 / 96
真诚为人　圆转涉世 / 97
春风育物　朔雪杀生 / 98
浑然和气　处世珍宝 / 98
冷眼冷耳　冷情冷心 / 99
恶不可即就　善不可即亲 / 99
退步宽平　清淡悠久 / 100
出世在涉世　了心在尽心 / 101

在世出世　真空不空 / 101
勿仇小人　勿媚君子 / 102
清浊并包　善恶兼容 / 103
宁为小人所毁　勿为君子所容 / 103
闹中取静　冷处热心 / 104
天地之广狭　皆由于自造 / 105
守口须密　防意须严 / 105
非分之福勿信　无故之获慎取 / 106
须冷眼观物　勿轻动刚肠 / 107
戒疏于虑　警伤于察 / 107
却私扶公　修身种德 / 108
舍己毋处疑　施恩勿望报 / 109
隐逸忘荣辱　道义无炎凉 / 109
庸德庸行　平安和顺 / 110
谗毁如寸云　媚阿似隙风 / 111
过归己任　功让他人 / 111
路要让一步　味须减三分 / 112
侠义交友　真心做人 / 112
退即是进　与即是得 / 113
攻人毋太严　教人毋过高 / 113
对小人不恶　待君子有礼 / 114
忘功不忘过　忘怨不忘恩 / 115
无求之施斗粟万钟　有求之施百镒无功 / 115
忠恕待人　养德远害 / 116
德怨两忘　恩仇俱泯 / 117
直躬不畏人忌　无恶不惧人毁 / 117
爱重反为仇　薄极反成喜 / 118
毋偏信自任　毋自满嫉人 / 118
毋以短攻短　毋以顽济顽 / 119
对阴险者勿推心　遇高傲者勿多口 / 120
亲善防谗　除恶守密 / 121
穷寇勿追　投鼠忌器 / 121
警世救人　功德无量 / 122
谨慎至微　施恩不报 / 123
律己宜严　待人宜宽 / 123
刻则失善人　滥则招恶友 / 124
责人宜宽　责己宜苛 / 125
勿逞所长以形人之短　勿恃所有以凌人之贫 / 125
忘恩报怨　刻薄之尤 / 126
戒高绝之行　忌褊急之衷 / 126
诚心和气陶冶暴恶　名义气节激砺邪曲 / 127
愈旧宜愈新　愈隐当愈显 / 128
恩宜自淡而浓　威应自严而宽 / 129

修身养性篇

静中观心　真妄毕见 / 131
德在人先　利居人后 / 131
动静合宜　道之真体 / 132
处喧见寂　出有人无 / 132

山林息尘心　诗书消俗气 / 133
留正气还天地　遗清名在乾坤 / 134
天地之趣　闲静者得 / 134
山居清洒　入尘赘旒 / 135
闲行芳草　兀坐落花 / 136
降魔先降自心　驭横先驭此气 / 136
超越天地之外　不入名利之中 / 137
欲无祸于昭昭　无得罪于冥冥 / 138
心无其心　物本一物 / 138
天全欲淡　方为直境 / 139
谦虚受益　满盈招损 / 140
畏恶有善路　显善存恶根 / 140
谨言慎行　君子之道 / 141
养天地正气　法古今完人 / 142
不着色相　不留声影 / 142
君子德行　其道中庸 / 143
艳是幻境　枯见真吾 / 144
宁静淡泊　观心之道 / 144
心公不昧　六贼无踪 / 145
文章极处无奇巧　人品极处只本然 / 146
大量能容　不动声色 / 146
花落意闲　自在身心 / 147
诸恶莫作　众善奉行 / 148
情急招损　严厉生恨 / 148
息心见性　了意明心 / 149
不能养德　终归末节 / 150
文华不如简素　谈今不如述古 / 150
修身养德　事业之基 / 151
无事寂寂以照惺惺　有事惺惺以主寂寂 / 152
不轻诺不生嗔　不多事不倦怠 / 152
乐贵真趣　景不在远 / 153
恬淡适己　身心自在 / 154
修养定静功夫　临变方不动乱 / 154
善操身心　收放自如 / 155
去思苦亦乐　随心热亦凉 / 155
卧云弄月　绝俗超尘 / 156
心地能平稳安静　触处皆青山绿水 / 157
心境恬淡　绝虑忘忧 / 157
了心悟性　俗即是僧 / 158
修行宜绝迹于尘寰　悟道当涉足于世俗 / 159
福祸苦乐　一念之差 / 159
栽花种竹　心境无我 / 160
佳趣妙境　非在物华 / 160
了身外事　参心中禅 / 161
若为驵侩　生不如死 / 162
动失真心　静得真机 / 162
为奇不为异　求清不求激 / 163
云去而本觉之月现　尘拂而真如之镜明 / 164
持身不可轻　用意不可重 / 164

减省便可超脱　求增桎梏此生 / 165
悟得真趣　匹俦嵇阮 / 166
动中静是真静　苦中乐是真乐 / 166
伸张正气　消杀妄心 / 167
机息风月到　心达远凡尘 / 168
拔除名根　驱散客气 / 168
尚奇者乏识　苦节者无恒 / 169
耳目皆桎梏　嗜欲悉机械 / 169
雨余山秀　夜静钟清 / 170
人生无望　必堕顽空 / 171
独立云生处　高卧月华中 / 171
有浮云风　无耽酒嗜 / 172
和衷共济　谦德防妒 / 172
心体莹然　不失本真 / 173

人生百态篇

澹泊明志　肥甘丧节 / 175
富者应多施舍　智者宜不炫耀 / 175
欲沸寒潭　虚凉酷暑 / 176
多心招祸　少事为福 / 177
清冷凉薄　和气福厚 / 177
羡达人旷　笑俗士迷 / 178
人生重结果　种田看收成 / 179
推己及人　方便法门 / 179
崇俭养廉　守拙全真 / 180
尘世苦海　心自尘苦 / 181
冷眼视之　冷情当之 / 181
世态变化无极　万事必须达观 / 182
人有贵贱　心无二致 / 183
中和为福　偏激为灾 / 183
只畏伪君子　不怕真小人 / 184
君子以勤俭立德　小人以勤俭图利 / 185
信人示己之诚　疑人显己之诈 / 185
机动者杯弓蛇影　念息者触处真机 / 186
自得之士　自适之天 / 186
饱谙世味慵开眼　会尽人情只点头 / 187
鸣其天机　畅其生意 / 188
放下屠刀　立地成佛 / 188
君子之心　雨过天晴 / 189
有识有力　魔鬼无踪 / 190
过俭者吝啬　过让者卑曲 / 190
量宽福厚　器小禄薄 / 191
存道心　消幻业 / 192
万虑皆抛　一真自得 / 192
贪得者虽富亦贫　知足者虽贫亦富 / 193
猛兽易伏　人心难制 / 194
彻见自性　不必谈禅 / 194
言者多不顾行　谈者未必真知 / 195
生于自然　勿为世染 / 195
好利者害显而浅　好名者害隐而深 / 196
慈悲之心　生生之机 / 197
勿为欲情所系　便与本体相合 / 197

趋炎附势　人情之常 / 198
人乃天地之缩图　天地乃人之父母 / 199
富贵而恣势并权　乃自取灭亡之道 / 199
善人和气　凶人杀机 / 200
守正安分　远祸之道 / 200
人我同仁　动静同忘 / 201
酝酿和气　昭垂清芬 / 202
人情冷暖　世态炎凉 / 202
凡事当留余地　五分便无殃悔 / 203
天福无欲之士　而祸避祸之人 / 203
晴空可翔　莫学飞蛾 / 204
和气致祥　喜神多瑞 / 205
喜忧相生　顺逆一视 / 205
竹篱闻犬吠　芸窗听蝉吟 / 206
心体要光明　念头勿暗昧 / 207
去得吾心冰炭　便生满腔和气 / 207
清静之门　淫邪渊薮 / 208
得冲和之气　识澹泊之真 / 208
世事如宴席　劝君早回头 / 209

人生哲理篇

良药苦口　忠言逆耳 / 211
人能放得心下　即可入圣超凡 / 211
过而不留　空而不著 / 212
真伪之道　只在一念 / 213
萼叶徒荣　玉帛无益 / 213
自然鸣佩　最上文章 / 214
幽人自适　不着泥迹 / 214
临崖勒马　起死回生 / 215
功名一时　气节千载 / 216
自然造化之妙　智巧所不能及 / 217
处富知贫　少壮念老 / 217
万象皆空幻　达人须达观 / 218
短暂人生　何争名利 / 218
广狭长短　由于心念 / 219
知足则仙凡异路　善用则生杀自殊 / 220
隐者高明　省事平安 / 220
执着是苦海　解脱是仙乡 / 221
得好休时便好休　如不休时终无休 / 222
富者多忧　贵者多险 / 222
乐心在苦处　苦尽方甘来 / 223
以失意之思　制得意之念 / 224
世间原无绝对　安乐只是寻常 / 224
心无物欲　坐有琴书 / 225
不为念想囚系　凡事皆要随缘 / 225
凡俗差别观　道心一体观 / 226
以我转物　逍遥自在 / 227
思及生死　万念灰冷 / 227
阴恶祸深　阳善功小 / 228
雌雄妍丑　一时假象 / 228
冷静观世事　忙中去偷闲 / 229
烦恼由我起　嗜好自心生 / 230

来去自如　融通自在 / 230
身放闲处　心在静中 / 231
浓夭淡久　大器晚成 / 231
善根暗长　恶损潜消 / 232
人生一傀儡　自控便超然 / 233
世路茫茫　随遇而安 / 233
淡中知真味　常里识英奇 / 234
以事后之悟　破临境之迷 / 235
静中见真境　淡处识本心 / 235
省事为适　无能全真 / 236
夜钟醒迷梦　观影见本真 / 237
会个中趣　破眼前机 / 237
不言妍洁　何来丑污 / 238
去留无系　静躁何干 / 238
浓处味常短　淡中趣独真 / 239
繁华不及清淡　心动未若神爽 / 239
得诗家真趣　悟禅教玄机 / 240
山间花鸟　更显天趣 / 241
识乾坤自在　知物我两忘 / 241
超脱物累　乐于天机 / 242
闲看庭前花　漫随天外云 / 242
福为祸本　生为死因 / 243
任幻形凋谢　识自性真如 / 244
胸中无私欲　眼前有空明 / 244
盛衰何常　强弱安在 / 245
心境澄澈　天人合一 / 245
嗜欲天机　尘情理境 / 246
知哀破尘情　知乐臻圣境 / 247
登高心旷　临流意远 / 247
万钟一发　只在寸心 / 248

求学励志篇

泛驾之马可就驰驱，跃冶之金终归型范。只一优游不振，便终身无个进步。白沙云：“为人多病未足羞，一生无病是吾忧。”真确论也。

净从秽生　明从晦出

※原文

粪虫至秽，变为蝉而饮露于秋风；腐草无光，化为萤而耀采于夏月。因知洁常自污出，明每从晦生也。

※译文

在粪土中所蕴生的虫最脏，但蜕变成蝉后却只在秋风中吸饮洁净的露水；腐败的野草不会发出光芒，但其所孕育的萤火虫却能在夏日的夜空中闪耀出点点萤光。由此可知，洁净的东西往往是从污秽中产生，而光明的事物常常从晦暗中孕育。

※评析

日本电视连续剧《阿信》，描述了一个生活艰难但永不放弃梦想的女性最后成功经营连锁超市的成长历程。看过这部剧的人，脑海中都深深烙印上阿信坚忍不拔、不向环境低头的坚毅形象。在我们生活中，也有许多的“阿信”，他们认真生活，让自己的生命发光发热；但也有人妄自菲薄，总是将生活中的诸多不顺归咎于生活环境不好。

然而古有明训“英雄不怕出身低”，一个人大可不必因为生活环境不如他人就看轻自己，君不见历来有多少成功人士是从清苦的环境中造就的吗？艰苦的环境最容易激发出人的斗志，而优越的生活环境也最容易让人逸于安乐，不知不觉中就变成了“温室弱苗”，一旦将其移出温暖的花屋，就再无法绽放出美丽的花朵。

忧劳兴国　逸豫亡身

※原文

泛驾之马可就驰驱，跃冶之金终归型范。只一优游不振，便终身无个进步。白沙云：“为人多病未足羞，一生无病是吾忧。”真确论也。

※译文

一匹凶悍的马，只要驾驭得法，仍然可以骑着它奔驰万里；溅出熔炉外面的金属，最后还是被人注入器模中熔化成可用之物。只有贪图享受、游手好闲的人，一辈子都不会有什么成长进步。所以白沙先生说："为人有很多缺点并不可耻，只有一生都不知悔悟的人才最令人忧心。"这确实是至理名言。

※评析

每个人各有优缺点，如果个人的优点能被充分发挥，往往就能产生最大的效益。而所谓的缺点，若能加以掌握与运用，也会变成一股助力。例如，让喜欢讲话又好动顽皮的学生担任纪律委员，通常最能发挥实际的管理效益，那名原本顽皮多话的学生会摇身一变，变成最热心、且能严格督促其他同学用心听课的好学生。

由此可知，"天生我材必有用"，每个人只要能获得适性的发展，就能激发出个人的潜能而有所成就。现代企业讲究人力资源管理，最基本且重要的目的之一，就是让员工适才适用而发挥其最大的潜能，使企业获得最大的利润。

君子穷当益工　勿失风雅气度

※原文

贫家净扫地，贫女净梳头，景色虽不艳丽，气度自是风雅。士君子一当穷愁寥落，奈何辄自废弛哉！

※译文

贫穷的人家经常会把庭院打扫得干干净净，贫穷的女子时常把头梳得整整齐齐，虽然外表上算不上豪华艳丽，却有一种高雅脱俗的气度。因此，君子一旦处于失意潦倒的境遇时，万不可颓废不振、自暴自弃！

※评析

当我们看见一个人衣衫褴褛、蓬头垢面的时候，直觉就会认定此人一定正逢失意。仪容外表给人的第一印象，往往具有决定性影响，所以市面上教人职场礼仪的书籍里，非常强调仪容整洁的重要性。电视剧里穷困潦倒时的人物，通常是烂醉如泥、满身污秽，而在现实生活里，正遭逢人生低潮期的人们又是如何呢？你会发现神情颓丧、自暴自弃者果真大有人在！

然而贫穷潦倒不是罪过，更非耻辱。事业的挫折、人生的失意其实都是很正常的事。人绝对不能被一时的困顿击倒，如果遇到挫折就屈服丧志、怨天尤人，将永远受困于恶劣的环境中。

厚德以积福　修道以解困

※原文

天薄我以福，吾厚吾德以迓之；天劳我以形，吾逸吾心以补之；天厄我以遇，吾亨吾道以通之。天且奈我何哉？

※译文

上天不给我很多的福分，我就多做善事来面对这种命运；上天用劳苦使我疲乏，我就用安逸的心情来保养身体；上天用困窘来折磨我，我就开辟求生之路来打通困境。如果做到上述各点，上天又能对我怎么样呢？

※评析

古人常说“天助自助者”，如果能勇敢地面对并接受现实，就不会畏惧命运的摆布。换言之，对一个不向恶劣环境低头的人来说，他只相信事在人为，所以当置身困境之际，他不会自暴自弃，也不自叹命运多舛，而相信只要肯努力就有希望。厄运与困境并不可怕，真正可怕的是逃避困境，在厄运面前一蹶不振！命运对人的安排既是公平的又是不公平的，不论摆在我们面前的是怎样的处境，我们都应该用一种乐观、积极的处世态度去对待它。

为人处世如果能具备这样的韧性，不畏艰难险阻，把逆境和灾难当作磨炼，又有什么事能击倒你呢？

磨炼福久　参勘知真

※原文

一苦一乐相磨炼，练极而成福者，其福始久；一疑一信相参勘，勘极而成知者，其知始真。

※译文

人生有苦也有乐，只有在苦难中不断磨炼得来的幸福才能长久；求知也是如此，既要有信心也要具备怀疑精神，因为只有在反复考证及互相比较中得到的智慧，才是真正的学问。

※评析

人们对于轻易就能得到的东西，通常不太珍惜。所以，不是经历万般磨难而获得的幸福，也就不懂得珍惜。同样地，在安定的环境里也很难造就出真正的人才。真正的人才必须经过千锤百炼，才能具备极佳的应变力与适应力。做学问也是如此，多少精深的学理，都是经过学者反复考证与推敲才得以问世，而这些先人智慧的结晶，都给予后人很多的启示。因此，我们做任何事都应该抱着精益求精的态度，还要有不怕重来的勇气。如果一遇到问题就敷衍了事，又怎么能从中汲取经验，为改善而参考呢?

总而言之，只有在艰苦的环境中才能磨炼出坚毅的心性，也唯有坚定不移的人才能参悟真理。

顺境不足喜　逆境不足忧

※原文

居逆境中，周身皆针砭药石，砥节砺行而不觉；处顺境内，眼前尽兵刃戈矛，销膏靡骨而不知。

※译文

一个人如果生活在逆境中，则身边所接触到的全是有如医疗器材般医病疗心的事物，会让人在不知不觉中敦品励行。反之，一个人如生活在顺境中，这就等于在他面前摆满了消磨精神意志的刀枪，会让人在不知不觉中身心受到腐蚀而走向堕落。

※评析

就像食物如果不冷藏便容易腐败一样，人生活在优越的环境中也很容易腐败堕落，而在清苦的环境中就比较容易奋发上进。换言之，富裕家庭出身的人，往往游手好闲，而在艰困环境中成长的人，通常充满斗志。由此看来，处在逆境并不足以为忧，反而可以磨炼出坚毅的性格与愈挫愈勇的斗志。可怕的反而是处在顺境而不思奋斗的人，一旦失意落魄就会一蹶不振，经不起一点儿风吹雨打。

所以说，任何事情都要辩证地看待，逆境不足为忧，正可以磨炼志节，而顺境不足为喜，是因它能够腐蚀人生。若能有此心胸，就能做到既可以在顺境中扬帆远航，又能在困境中超越自我。

困苦穷乏 锻炼身心

※原文

横逆困穷，是锻炼豪杰的一副炉锤。能受其锻炼，则身心交益；不受其锻炼，则身心交损。

※译文

所有的逆境和穷困，都是锤炼英雄豪杰心性的熔炉。只要能禁得起这种锻炼，身心就会得到好处；反之，如果承受不了这种磨炼，则肉体和精神都会受到伤害。

※评析

古人用“吃得苦中苦，方为人上人”来勉励身处逆境的人们不要轻易向环境低头，必须克服困境，才可以成为人中龙凤。这个道理似乎人人都懂，可是真正遭逢不如意的时候，能泰然处之的又有几人？大部分人在遭逢不如意的时候，通常很难不发出时运不济的喟叹，但如果就此溺陷在自怨自艾的悲叹中，又怎么会有转机呢？正所谓危机即是转机，在很多时候，逆境比顺境更能给人带来机遇，更能激励人奋发向上的斗志。

换言之，逆境是助力抑或阻力，这就要看身临其境者如何看待了。如果他能将它视为一种自我磨炼，即使改变不了现状，也至少能让自己随遇而安，不去怨天尤人，那么困难也就不是困难了。

节义来自暗室漏屋 经纶缫出临深履薄

※原文

青天白日的节义，自暗室漏屋中培来；旋乾转坤的经纶，自临深履薄处缫出。

※译文

像白日青天般光明磊落的节操，是从贫苦艰困的环境中培养出来的；而扭转大局的雄才伟略，是从谨慎缜密的行事态度中磨炼出来的。

※评析

“不经一番寒彻骨，怎得梅花扑鼻香。”梅花的凌冬傲霜，向来被拿来比喻君子的坚贞高洁，以及形容人禁得起恶劣环境的磨炼，而从中得到深刻领悟。的确如此，现实生活中许多成大功立大业的人，无不是从困逆的环境中力争上游，一步一个脚印地走出了不平凡的人生。

不过，一个人的成功，除了要能经得起环境考验之外，还必须抱着“如临深渊，如履薄冰”的谨慎态度来行事，诚如作者所说的“旋乾转坤的经纶，自临深履薄处缲出”，这说明成功绝非偶然。一个开创伟大事业的人绝不会粗心草率地行事，他必定是战战兢兢、稳扎稳打地跨出每一步。

所以，一个人立身做事，如果经得起艰苦环境的磨炼，就能锻炼出坚定不移的节操；而如果行事谨慎小心，就能使错误率降至最低。

金须百炼　矢不轻发

※原文

磨砺当如百炼之金，急就者，非邃养；施为宜似千钧之弩，轻发者，无宏功。

※译文

磨炼自己的意志应当像炼钢般反复冶炼，如果急于成功就不会有高深的修养；做事要像拉开千钧大弓般努力，如果随便发射就无法建立宏大的功业。

※评析

有句老话说：“只要功夫深，铁杵磨成针。”“铁杵磨成针”的故事教育人们：为人处世须有恒心毅力，只有按部就班、锲而不舍，才能磨炼出精深的修养，做出伟大的事业。

每个人都知道，许多事往往必须经历无数次的挫折与反省才能成功，如果妄想一蹴而就而投机取巧，只能收一时之效，绝不能成大功立大业，正所谓“欲速则不达”。而前人早有明训：从来疾行无善步，缓一着，再加一层深思，所成就的自然不差。

所以，做人做事必须踏实做好基础性的工作。所谓“千里之行，始于足下”，只有一步一个脚印，才能建立宏大的功业。

坎坷世道　耐而撑持

※原文

语云：“登山耐侧路，踏雪耐危桥。”一“耐”字极有意味，如倾险之人情，坎坷之

世道，若不得一“耐”字撑持过去，几何不堕入榛莽坑堑哉？

※译文

俗话说：“爬山要能耐得住险峻难行的路，踏雪要能走得过危险的桥梁。”这一“耐”字具有极深长的意味，就像阴邪险恶的人情世故、坎坷难行的世道，如果不用这个“耐”字苦撑下去，能有几个人不会跌到杂草丛生的深沟里呢？

※评析

人生不如意事十之八九，只有禁得起煎熬的人才能创造大事业。因此，孟子才说“天将降大任于斯人也，必先苦其心志，劳其筋骨，饿其体肤，空乏其身，行拂乱其所为，所以动心忍性，增益其所不能”。

换言之，做人最起码必须耐得住冷暖人情的考验，同时能克服生存上的困阻，如此才能活得下去。至于能否成器，就要进一步考验个人的“能耐”了——如果凡事都能用一个“耐”字坚忍下去，甘愿去承受一切考验，就能生出极大的勇气面对险恶的人情与坎坷的世道。能够做到这样，即便是身陷绝处也能逢生。

老当益壮　大器晚成

※原文

日既暮而犹烟霞绚烂，岁将晚而更橙橘芳馨。故末路晚年，君子更宜精神百倍。

※译文

夕阳西下的时候，天边的晚霞十分光彩夺目，而一年即将过去的时候，金黄色的橙橘更是芳香四溢。所以，有德的君子到了晚年，更应该有焕发的精神。

※评析

人们确实应该具有“老当益壮，大器晚成”的精神，只有如此，人生才不会有遗憾，正所谓“老骥伏枥，志在千里”。事实上，四五十岁正是一个人奋发有为的黄金时期。人通常是到了一定年纪之后，智慧和见解才会日臻成熟，做人做事各方面也才更显稳重老练，而不像年少时似懂非懂、易凭一时血气之勇。

君不见，夕阳的光彩炫目，而岁暮之际采收的橙橘更是馨香！人到晚年如果不能老当益壮，反而抱着“人到中年万事休”的消极态度来处世，那就太戕害自己的生命力了。

诚可感动天地 伪则形影自愧

※原文

人心一真，便霜可飞，城可陨，金石可贯。若伪妄之人，形骸徒具，真宰已亡，对人则面目可憎，独居则形影自愧。

※译文

人的心灵一旦变得至诚至真，就可以使五月飞霜、城台倒塌、金石贯穿。但如果是一个虚伪狂妄的人，空有一副躯壳，真正的心灵早就丧失了，那么他的面目必然会令人厌恶，就是独自一人时也会为自己的行为感到羞愧。

※评析

至诚至真、至善至美，是高尚的人生境界。真诚能感天地、泣鬼神，可以使五月飞霜、城台倒塌、金石贯穿。所谓“精诚所至，金石为开”说的就是这个道理。

诚心是为人的根本，也是开启处世之门的钥匙。无论从政、经商、求学，都离不开这个准则。只有以诚信为本，内心才能平和，为人的道路才会四通八达，事业才能事半功倍。没有人喜欢和一个虚伪狡诈的人共事，而谎话讲得过多的人不仅得不到别人的信任，甚至连自己都会怀疑自己。如果世界在他眼中也是假的，他就难免会落得形影相吊的地步。

处逆境时比于下 心怠荒时思于上

※原文

事稍拂逆，便思不如我的人，则怨尤自消；心稍怠荒，便思胜似我的人，则精神自奋。

※**译文**

遇事稍微有些不如意，就去想那些处境不如自己的人，那么怨恨就会自然消失。心中稍微有些懈怠的念头，就去想那些比自己强的人，那么精神就自然能振奋起来。

※**评析**

人生的道路不可能总是宽敞平坦的，难免会有沟壑险滩。事有不如意时要看开一些，想想那些不如自已的人，心情就会轻松许多。人的快乐境界全由自己的心理平衡而定，在境遇上多向下比，自然心存满足。“一山更比一山高，强中自有强中手。”世界上的事往往没有最好只有更好，欲望是一种永无止境的追求，直到你已追逐得筋疲力尽，看到的还是人上有人。若真的较上真儿，受苦受累的恐怕只是你自己。所以，人们常说“知足者常乐”。

“知足者常乐”是一种心态，而不是一种生活状态。所谓“逆水行舟，不进则退”，做人要有更高的追求，生活才有动力，社会才能进步。常持“知足者常乐”之心，又不乏凌云之志，才能在快乐的人生中品尝丰收的果实。

喜忧安危　勿介于心

※**原文**

毋忧拂意，毋喜快心，毋恃久安，毋惮初难。

※**译文**

不要因为不如意的事情而忧心忡忡，不要因为暂时称心的事情而兴高采烈，不要因为长久的安逸生活而有恃无恐，不要因为开始的时候遇到困难而畏惧不前。

※**评析**

处事需要冷静，不要头脑发热、忽悲忽喜，也不能贪图安逸、临阵脱逃；心气平和、淡定从容才能处变不惊，居安思危、未雨绸缪才能临危不乱。多层次、多角度地思考问题，才能更好地做出选择。

不要无谓地忧愁烦恼，因为失意正是得意的基础；也不要为一时的幸福而得意，因为得意正是失意的根源。该来的都会来，该去的总会去。一切都是再自然不过的事情。该拿起时就拿起，该放下时便放下。只有那些既拿得起又放得下的人，才能心无牵挂、快乐长存。

伏久者飞高　开先者谢早

※原文

伏久者飞必高，开先者谢独早。知此，可以免蹭蹬之忧，可以消躁急之念。

※译文

隐伏越久的鸟一旦起飞必定会飞得越高，开得越早的花常会越早独自凋谢。知道了这个道理，就会免去仕路不畅、怀才不遇的忧愁，就能消除浮躁冒进、急于求成的念头。

※评析

少年得志的人往往晚景凄凉。倒不是说少年得志不好，只不过人在太小的时候就春风得意，往往心态还没有成熟，很容易把持不住自己。大器晚成的人因为长期积累，已经获得了丰厚的知识和人生阅历，而痛苦的蛰伏和漫长的等待造就了他们坚韧的品质。厚积薄发，经过沉淀展现出来的才是精华；面对成功，大器晚成者更容易珍惜那份得来不易的收获。急于崭露头角难于成大气候，急功近利不足成大事。只有守正而待时，善于抓住机会而又坚定志向，才有可能走向成功。

因此，不必为怀才不遇失意苦恼，也不要因急于求成而急躁冒进，只要脚踏实地、静待时机，一分努力自会有一分收获。

幻中求真　雅不离俗

※原文

金自矿出，玉从石生，非幻无以求真；道得酒中，仙遇花里，虽雅不能离俗。

※译文

黄金从矿山上提炼出来，璧玉从顽石中雕琢出来，可见没有虚幻就无法得到真实。道理能从饮酒中悟出，仙人能在烟花丛里遇见，可见高雅之事也不能完全摆脱世俗。

※评析

雅并不拒绝俗，没有俗，雅也就失去了赖以生存的基础。雅的东西并不能脱离它产生的环境，就像一个人并不可能天生就是一个高雅之士，他很可能在俗的环境里成长，而高雅的诞生关键是以后的磨炼。雅是不断修省锻炼而来，像金矿不经冶炼就不能成为黄金、顽石不经琢磨便不能成为美玉，同理，人不经过历练也不能成为完人。雅是俗的升华。雅人并非不做俗事，只是做时别具风格。超俗的人不在于做的事与俗人不同，而是他们有自己做事的独特方式。

要成为一个道德深厚的高雅之士，需要金玉之质，更离不开后天的磨炼，应该逐渐发现本性中的良知，在现实中不断磨炼而使之大放异彩。

生生之意　天地本心

※原文

草木才零落，便露萌颖于根底；时序虽凝寒，终回阳气于飞灰。肃杀之中，生生之意常为之主，即是可以见天地之心。

※译文

草木的枝叶刚开始枯萎凋落时，在根底就已萌发出新芽；季节虽然已经进入寒冬，也终究会回归到温暖的飞花时节。在深秋肃杀萧索的氛围中，大地仍然蕴含着主导时势的无限生机，由此可以看出天地孕育万物的本心。

※评析

“野火烧不尽，春风吹又生”，大自然的无限生机是不会因暂时的萧条和衰落而枯萎陨落的。冬意正浓的时候，春天已开始了它的脚步，世界在不断地新生。旧事物的凋陨，也只不过是为了让新生得以更好地延续，“落红不是无情物，化作春泥更护花”。草木枯荣、冬夏交替都是大自然的机理所在，花开花谢、风暖风寒同样也是自然规律。

人世的生老病死也如同自然的新陈代谢，畏惧老去和死亡就像害怕风霜雨雪般毫无意义。只要你拥有一个博大的胸怀，抓住时代脉搏一直前行，你的青春就不会衰老，你的人生就能开花结果。

花鸟尚绘春　人生莫虚度

※原文

春至时和，花尚铺一段好色，鸟且啭几句好音。士君子幸列头角，复遇温饱，不思立好言，行好事，虽是在世百年，恰似未生一日。

※译文

春季到来和风艳阳，百花尚且要开出一片五彩斑斓的颜色，鸟儿也要唱出几声婉转悦耳的歌声。士人君子如果侥幸出人头地，又能使生活丰衣足食，却不想留下好名声，济世行善，即使活到一百岁，也跟一天没活没有什么区别。

※评析

花鸟知春光短暂，因此希望把自己最美丽的色彩和最悦耳的歌声奉献给天地自然。它们因自己的奉献而快乐无比。人活一世，立足天地之间，吸收万物精华，应当对人类和宇宙有所回馈。况且人生如同春光转瞬即逝，活着的时候如果不能发一分光添一分热，那就等于空在世上走了一趟，连花鸟的境界也比不上了。

若能在自己的一生中做那么一两件让后世怀念的事，才算是不枉此生。何况“立好言，行好事”如同花铺好色、鸟啭好音一样，如果你能从花鸟的音色中体会出它们的喜悦，那么你也就能够从自己的奉献中获得快乐。

心事宜明　才华须韫

※原文

君子之心事，天青日白，不可使人不知；君子之才华，玉韫珠藏，不可使人易知。

※译文

有道德修养的君子，他的心地应该像青天白日一样光明磊落，没有什么不可告人的事；而他的才能应该像珍藏的珠宝一样，不宜轻易让人看出来。

※评析

孔子说过“君子坦荡荡”，俗话也说“明人不做暗事”。可见，心怀坦荡是真正的君子作为。但是在人际交往日益频繁的今天，每天都要接触形形色色的人，人们常说“必须戴着面具做人”，这样，与君子作为不就有些相悖了吗？如何才能既保持自己的君子心胸，又不为凡事所累呢？其实无论一天要换多少副面具，只要用心出自于诚，没有半点巧诈心机，也并不能说就不是君子所为。

人人都有进取之心并有发挥个人才能的机会，不过才能必须在恰当的时机和适宜的环境里发挥，如果时机不对或所处的环境充满猜忌，就不要急于展现自己的才华，以免招来别人的嫉恨。所谓“木秀于林，风必摧之”是矣！

脱俗成名　超凡入圣

※原文

做人无甚高远事业，摆脱得俗情，便入名流；为学无甚增益功夫，减除得物累，便超圣境。

※译文

做人不一定非要成就一番伟大事业，只要能摆脱世俗的功名利禄，就能跻身于名流；做学问也没有什么特别的诀窍，只要能摒除外物的诱惑，便可以达到至高无上的境界。

※评析

人有超群的能力及聪敏的见识固然能成就一番事业，但也有一些平凡的人，虽然没有完成轰轰烈烈的成就，却因能专心致力于一己的事业，不被功名利欲所左右，而终于成为社会的名流。只要摆脱俗情物欲就可以成名成圣，成功不一定非得经历千难万险，有时它只是自然而然的事，是一个人的人格和知识长期积累的过程。

所以，在为人做事上，如果能够修身养性，摆脱外物的困扰，全神贯注，即使没有如伟人那样的成就，但只要一心一意，久了也能够达到圣人贤者的地位。

恶人读书　适以济恶

※原文

心地干净，方可读书学古。不然，见一善行，窃以济私，闻一善言，假以覆短，是又藉寇兵而济盗粮矣。

※译文

只有心性纯洁无瑕的人，才可以读书学习古人的哲理。否则看到古人的善行后就偷偷模仿，以满足自己的私欲，听到古人的名言佳句就用来粉饰自己的过失——这种行为就等于资助兵器给敌人，送粮食给盗贼。

※评析

学问原本是用来服务社会、造福人民的，如果被一个心术不正的人利用，便会成为危害社会的利器。所谓的智慧型犯罪，就是最典型的表现。因此，人在启蒙受教的时候，一定要有纯正的观念，文化知识的学习固然重要，思想道德的教育更加不可忽视。有才无德并非真才，德才兼备方为栋梁。

为人父母、师长者对此应该特别注意，成长是一个艰辛而漫长的过程，除了自身的努力外更需要长者的悉心指导。青年学子一旦观念出现偏差，务必导其向善，以免将来成为社会害虫，追悔莫及。

性天未枯　机神宜触

※原文

万籁寂寥中，忽闻一鸟弄声，便唤起许多幽趣；万卉摧剥后，忽见一枝擢秀，便触动无限生机。可见性天未常枯槁，机神最宜触发。

※译文

万籁俱寂之中，忽然听到一声鸟儿的鸣叫，就会唤起许多幽情雅趣。群芳凋谢之后，忽然看到一株鲜花傲然怒放，就会触发心灵的无限生机。由此可见，万物天性并不会完全枯萎，生命的机趣精神最应该不断地被激发。

※评析

灵感的触发来自大自然的无限生机。因此，文人墨客往往到自然中去汲取养分、寻找思路，闭门造车式的苦吟终难留下千古绝唱，且总有肠思枯竭的一天。生活也是如此，走入生活的死胡同而依然往里钻的人，最终难免因绝望而进入灵魂的死角。所谓机神触事，应物而发。大自然不会归于完全的空寂，一丛花凋谢后还有另一丛花在那里盛开，生生不息是自然界的规则。

人类社会也是一样，只要我们不去违背它的规律，心中充满希望，人生是没有绝路的。“山重水复疑无路，柳暗花明又一村。”

读心中之名文　听本真之妙曲

※原文

人心有一部真文章，都被残篇断简封锢了；有一部真鼓吹，都被妖歌艳舞淹没了。学者须扫除外物，直觅本来，才有个真受用。

※译文

每个人心中都有一部真正的好文章，可惜却被一些残篇断简所封闭；每个人心中都有一曲真正美妙的音乐，可惜却被眼前妖歌艳舞所迷惑。所以，研究学问的人必须先扫除一切外来的诱惑，直接去寻求原来的本性，才能真正受用不尽。

※评析

孔子说："学而不思则罔，思而不学则殆。"学习与思考两者必须兼顾，才能悟出真理。读书是为了让人能够明辨是非，但读书不能囫囵吞枣地全盘接受，也不能断章取义、以偏概全。必须用心思考所学的道理是否合乎常理，如此才能明辨是非。学习与思考是并行不悖、相辅相成的。心中灵巧，有一篇好文章；心内玲珑，有一部真鼓吹。事实上，人天生就具备了灵敏的智慧，只是受到外物的迷惑而被封闭了。

读书正是要启发这种智慧，使其能够明心见性，从而能够扫除一切外来和内在的诱惑，取得心灵的升华。

欲路上勿染指　理路上勿退步

※原文

欲路上事，毋乐其便而姑为染指，一染指便深入万仞；理路上事，毋惮其难而稍为退步，一退步便远隔千山。

※译文

对于物欲享乐方面的事，绝对不要贪图得来容易便轻易尝试，人一旦放纵自己沾染非分的逸乐，就会坠入万丈深渊；对于义理方面的事，绝对不要因为畏惧困难而退缩，因为一旦退缩，就将和正义真理远隔千山了。

※评析

每个人心中都存在着一套道德规范，尽管有人宽松有人严谨，但最低的限度是不伤己损人。但世人往往无法抵挡诱惑，贪图非分的享乐，结果使自己坠入痛苦的深渊。例如朋友之间邀约打牌消遣原本无可厚非，但如果过于沉迷，既熬夜又豪赌，则不仅伤身，还可能因此积欠巨额赌债。在现实生活里，为偿还赌债而作奸犯科、抛家弃子者大有人在。

至于义理方面的事，要有"虽千夫所指，吾往矣"的气概，绝对不可以因循苟且、畏首畏尾。然而一般人多半缺乏仗义执言的勇气，在遇到不合乎义理的事情时，每每持观望态度，谁都不愿急人之先，以免遭受池鱼之殃。就此来看，那些不畏强权、勇于伸张正义真理的人，实在令人敬佩！

大智若愚　大巧若拙

※原文

真廉无廉名，立名者正所以为贪；大巧无巧术，用术者乃所以为拙。

※译文

一个真正廉洁的人不会树立廉洁之名，那些到处显露功名的人，正是为了贪图虚名才这样做；而一个真正聪明的人不会炫耀自己的才华，那些卖弄聪明智慧的人，正是为了掩饰自己的愚蠢才这样做。

※评析

区分实心木板和空心夹板，只要叩敲板面，就能立见分晓——空心夹板音高而杂，实心木板音低而笃实。同理可证，有真才实学的人行事通常比较低调，不会轻易显露自己的能力，没多大本事的人则喜欢虚张声势，到处卖弄聪明。浅水是喧哗的，深水是沉默的。能够让人一眼见底的，只能是浅水。

事实上，任何名声的建立，如果是靠刻意经营得来，很容易就会让人诟病为贪图虚名。所以，真正廉洁的人不与人争名，真正聪明的人不向人炫耀，他们但求尽其本分，而不愿将精力耗费在无谓的争名逞能上。

虚心明义理　实心却物欲

※原文

心不可不虚，虚则义理来居；心不可不实，实则物欲不入。

※译文

做人不能自满，一定要有虚怀若谷的胸怀，因为只有谦虚才能容纳真正的学问和真理；做人也要抱着择善固执的态度，因为只有坚强的意志才能抵御外来物欲的诱惑。

※评析

就像已经装满水的杯子再也容不下一滴水一样，人如果自满，也同样无法再容纳真正的学问和真理。这样一来，就等于阻断了自我超越之路，很难再有发展。

做人处世如果不懂得谦虚，所蒙受的损失将无法估量。因为这样人将变得自以为是，拒绝任何人的善意和建议。而当行事发生偏差或错误时，会将所有的责任推卸给其他人，认为是别人误导自己做出错误的判断，如果连最基本的自我反省能力都丧失了，那此人就真正成为一个是非不明的人了。事实上，成功并非单靠自己的力量就能达到，在很多时候，旁人的指点或鼓励才是触发灵感或支持自己努力不懈的动力来源。正如大海纳百川所以成其大，做人也应该敞开胸怀，虚心接受别人的建议，然后择其善者固守之。

辨别是非　认识大体

※原文

毋因群疑而阻独见，毋任己意而废人言，毋私小惠而伤大体，毋借公论以快私情。

※译文

不要因为大多数人的疑虑就影响自己的见解，不要固执己见而舍弃他人的忠实良言，不要因为个人私利而损害整体的利益，不要假借社会舆论来满足自己的私人愿望。

※评析

当自己的见解受到众人质疑时，有多少人仍然能够坚持到底？而坚持到底是否会被人指责为固执、听不进逆耳忠言呢？择善固执与固执己见，两者失之毫厘谬以千里，如何取舍就全靠个人的智慧了。一般而言，“真理往往掌握在少数人手中”，如果自己的见解是合乎义理，而且对整体利益有帮助的，就必须“择善固执”，不能摇摆不定，“毋因群疑而阻独见”。

不过，有时自己的见解也未必高明，所以必须多听听别人的意见，千万不可一意孤行，掩耳不听众人的心声，而导致发生过错。到那个时候，非但得不到大家的谅解，还会被人奚落为独断专行。

勿妄自菲薄　勿自夸自傲

※原文

前人云："抛却自家无尽藏，沿门持钵效贫儿。"又云："暴富贫儿休说梦，谁家灶里火无烟？"一箴自昧所有，一箴自夸所有，可为学问切戒。

※译文

从前的人说："放着家中的金银财宝不用，却模仿乞儿拿着锅沿街行乞。"又说："突然暴富的贫穷人家，去向别人夸耀自己的财富，像是痴人说梦一样，其实哪户人家的炉灶不冒烟呢？"这两句谚语，前一句是用来忠告人不要蒙昧自己的本性，后一句是用来告诫那些夸耀自己财富的人，两者都是做学问的人所必须彻底戒除的。

※评析

妄自菲薄和自满自夸是两个极端，两者都不是做人处世所应秉持的态度。人们常以物质条件的丰厚与否来评定一个人的身价，而物化扭曲了人生的价值标准。例如，当一辆进口轿车与自行车发生轻微擦撞，轿车被刮出一道痕迹时，一般人多会先浮现"自行车车主肯定付不起轿车的钣金费了"的想法，这正是人们的价值观被物化了的才会直觉地认为：骑自行车的人物质条件一定不如开进口轿车的人。再者，假如骑自行车者理亏，更是显现了"有钱就是大爷"的心态。如果一个人认为物质条件不如人就低人一等的话，那么他就是一个不懂得涵养德行的人，否则他不会如此妄自菲薄。

而以为拥有优越的物质条件就高人一等的人，也同样不懂得道德修养。两者都将价值观建立在财富之上，而忽略了最重要的道德良知。

理寂事寂　心空境空

※原文

理寂则事寂，遣事执理者，似去影留形；心空则境空，去境存心者，如聚膻却蚋。

※译文

道理如果归于空寂，那么一切事物也会归于空寂，但一味地抛弃事实执着于道理，就好像要去掉影子却要留下形体一样地荒谬；如果内心是空寂的，那么外在的境遇也会随着空寂，一味地摆脱外在境遇却执着于原来的本心，就好像用聚集腥臭来赶走蚊蝇一样不切实际。

※评析

头脑清醒道理才能明澈，所谓理寂则事寂，即道理清楚了，凡事才能归于平静。也唯有去掉心头的躁急情绪，远离物欲的驱使，去掉妄执的念头，心境空明了，人才能进入清静无为的状态。

然而，静是相对的，空也不是绝对的。追求真理固然没错，但如果抛开事实，却执着于道理，就好像要去影留形一样不切实际，根本无法进入空灵的静寂。心空境空，只求心空而硬要抛开外界环境的人，如同聚膻却蚋一样可笑。他们都忽略了客观的物质依托，忘记了"皮之不存，毛将焉附"的道理。当然会落得缘木求鱼式的可悲结局。

道乃公正无私　学当随事警惕

※原文

道是一重公众物事，当随人而接引；学是一个寻常家饭，当随事而警惕。

※译文

"道"是一种人人得以共同行走修行之途，应该顺着人性去引导；做学问就像平时所吃的家常饭一样，应该随着事物的变化而提高警觉。

※评析

"道"是一种最平常、人人皆可修得的共有财产。只要有心向道，它永远不会拒人于千里之外，而且随处都有道可寻，它就存在于人的四周。

同理，学问也是如此，并非只有读书写作才是学问，一切为人处世的道理都是学问，正是"世事洞明皆学问，人情练达即文章"。人们常将"道"与"学问"看得高不可攀，认为只有德才兼备者才能修得。殊不知，道与学问其实没有高下之分，是人人所共有的。就像用心养花植树的园丁懂得花道、能领会品茗之乐的人懂得茶道一样，任何事物都自有其道，只要人们能够处处留心，即能成道。

藏才隐智　任重致远

※原文

鹰立如睡，虎行似病，正是它取人噬人手段处。

故君子要聪明不露，才华不逞，才有肩鸿任钜的力量。

※译文

老鹰站立的时候像是在沉睡，老虎行走的姿态有如生病，这正是它们准备以利爪捕食猎物的手段。所以，有德的君子要做到不显露聪明、不矜夸才华，方能培养出肩负重大责任的毅力。

※评析

一个具有真才实学的人，遇事绝对沉着坚忍，不会有丝毫轻慢夸耀的念头。

而那些自我夸耀、生怕别人不赏识自己的人，通常不知天高地厚，对事情也只是一知半解之时就跃跃欲试。常言道“一瓶水不响，半瓶醋晃荡”。事实上，一个具有才华的人，最好是保持深藏不露的态度，否则很容易招致周围人的忌恨。所谓“木秀于林，风必摧之；堆出于岸，流必湍之”。所以先人才有“良贾深藏若虚，君子盛德容貌若愚”的名言，就是告诫后人不可夸示才智。

若要功夫深　铁杵磨成针

※原文

绳锯木断，水滴石穿，学道者须加力索；水到渠成，瓜熟蒂落，得道者一任天机。

※译文

绳子可以锯断木头，水滴能够穿透石头，所以求学问的人也要努力探索才能有所成就；各方细流汇聚自然能形成沟渠，瓜果成熟之后会自然脱离枝蔓而掉落，所以修行学道的人也要听任自然才能获得正果。

※评析

“有志者事竟成”，铁杵磨成绣花针的故事众所周知，在此作者再提出“绳锯木断，水滴石穿”，这些例证都是在勉励人做事要有恒心毅力，只要坚持不懈，终有成功的一天。另外，作者也劝世人不要强求，揠苗助长只能适得其反，不如顺应自然，等时机成熟了自然能水到渠成、修得正果。

但人们多不能领悟这个道理，所以每每令自己陷于痛苦和烦恼之中。求成心切却用心不专，用心良苦却半途而废，不能持之以恒，又如何能达到理想的效果呢？

理出于易　道不在远

※原文

禅宗曰：“饥来吃饭倦来眠。”《诗旨》曰：“眼前景致口头语。”盖极高寓于极平，至难出于至易；有意者反远，无心者自近也。

※译文

禅宗里说：“饥饿时就吃饭，困倦时就睡觉。”《诗旨》上说：“眼前的景色要用口头语言来表达。”这些都是将最高深的哲理蕴藏在极平凡的语言中，同时告诉人们做最困难的事情要从最简单的地方入手。刻意去做某件事，往往反而离它更远，而不苛求的人却会自然而然地接近它。

※评析

人生最智慧的哲理，往往出自最平凡的生活，用最通俗的语言表达。不经剪裁的自然诗语才是最别致的佳句。有了匠心便少了天机，何况匠心又常常词不达意，甚至背道而驰，反而越走越远。揠苗助长、南辕北辙，又怎能达到预期的目标呢？

世间的许多事情都不必刻意追求，一旦有了苦心，就难免招来失望。“有心栽花花不开，无心插柳柳成荫”，不劳心、不伤神，反而会得到意外的惊喜。万物皆有因果，杞人何须忧天？只要遵循规律、顺其自然，一切都会开花结果。“有意者反远，无心者自近”说的便是这个道理。

观形不如观心　神用胜过迹用

※原文

人解读有字书，不解读无字书；知弹有弦琴，不知弹无弦琴。以迹用，不以神用，何以得琴书之趣？

※译文

人们只懂得读有文字的书，而不知道读没有文字的书。只懂得弹有琴弦的琴，而不知道弹没有琴弦的琴。如果只拘泥于对事物外形的理解和运用，而不能对其神韵心领神会，又哪里能够懂得琴与书中所蕴含的真正情趣呢？

※评析

死读书，读死书。为读书而读书，读的只是死书，就算能倒背如流，也未必真有什么价值，书呆子难免变成老学究。触类旁通、学以致用才是最重要的。更何况书本上的知识再丰富也是有限的，怎能与大自然这本无字大书相提并论呢？古人不是也说要“读万卷书，行万里路”吗？人与自然的和谐，首先需要你去读懂它，了解它。在五彩的世界中吸收宇宙的精华、充实自己的人生，又何乐而不为呢？人生是一架无弦的大琴，只有妙悟之人才能知晓其中的玄机，也只有掌握了其中的玄机，才能随心所欲地弹奏出美妙悠扬的人生乐章！

诗思野兴　出于自然

※原文

诗思在灞陵桥上，微吟就，林岫便已浩然；野兴在镜湖曲边，独往时，山川自相映发。

※译文

送别在灞陵桥上会使人诗兴勃发，刚刚低声吟罢，丛林山峰就已经变得诗意盎然。镜湖曲江的水边充满自然的情趣，独自漫步到那里，就会感到山水交映令人陶醉。

※评析

诗情画意，需要情与景的交融，它是在情与景的交汇、心灵与自然的撞击中产生的。以情观景则动人，景中有情则动心。单纯的自然蕴含诗情却无法发露，期待着人的解读。心灵没有外物的感动撞击也不会产生诗情。

灞陵诗思既出于天然，又来自内心，送别之地，杨柳依依，千山万水含情脉脉，文思泉涌是自然而然的事，无须矫情；镜湖曲边生机盎然，独步而往，山川含笑，水映人心，自然之趣油然而生，何须半点做作？自然的无穷魅力需要一颗玲珑剔透的心去解读，诗情画意出于天然又在心头。

学贵有恒　道在悟真

※原文

凭意兴作为者，随作则随止，岂是不退之轮；从情识解悟者，有悟则有迷，终非常明之灯。

※译文

只凭一时的意气和兴致做事的人，会随时开始也会随时停止，怎么会是永不后退的法轮呢？只从感情认识出发去领悟道理的人，就会时而领悟又时而迷惑，终究不能成为永远光明的智慧之灯。

※评析

人若想成为进学的不退之轮或者智慧的常明之灯，就必须不受意兴、情识这些感性之物打扰。因为感性是个不忠诚的谋士，尽管它有一挥而就的才思、指点江山的魄力，但它也常常把你引上邪径，有时甚至不等开花结果就干脆弃你而去。感性的热情是干柴上的火，响起来噼噼啪啪，但片刻就会烧尽；理智却是沉默的煤炭，能够放出持久的光热。可见热情不及理智来得长远。

从求学问道的角度来看，做学问的方法是多种多样的，也是无穷无尽的，但集中起来说却又离不开“持之以恒”四个字。而要做到这四个字，就必须保持理智的思维和冷静的头脑，感情用事的人终将一事无成。

宽严得宜　勿偏一方

※原文

学者有段兢业的心思，又要有段潇洒的趣味。若一味敛束清苦，是有秋杀无春生，何以发育万物？

※译文

做学问的人要有一份兢兢业业的刻苦精神，又要有一份洒脱从容的人生情怀。如果只是一味克制自己，过着压抑清苦的生活，那么人生就会变得只剩下秋天的肃杀萧瑟而没有春天的勃勃生机，这样又怎么能够滋育万物的生长呢？

※评析

做学问是件清苦的工作，它需要学者具有坚韧的毅力和刻苦的精神。但是没有任何一种学问的目的是使人痛苦，真正的学问应该使人感到快乐，应该融入生命的规律，融入人的性情。做学问的起点和终点都是快乐的，没有情感的辅佐，任何一种学问都不可能达到至高境界。有兢兢业业的治学之心，却没有潇洒超脱，是纯粹的书虫，他的学问无法融入社会，无法化为现实的力量。既要不失学者的严谨刻苦，又要保持一种率性洒脱的心态，才不会陷入治学的死角，才能有意想不到的收获。

修德须忘功名　读书定要深心

※原文

学者要收拾精神，并归一路。如修德而留意于事功名誉，必无实诣；读书而寄兴于吟咏风雅，定不深心。

※译文

做学问的人应该集中精神，一心一意。如果在提高道德修养时，却在乎自己的名声事业，一定不会有真正的造诣；读书如果只是为了吟诗作赋、附庸风雅，一定不会深入内心体悟其中真意。

※评析

读书如果只是为了附庸风雅，那么就失去了读书的真正价值；如果只是把它拿来当作换取“颜如玉”“黄金屋”“千钟粟”的敲门砖，那读书就变成了可耻的事。如此读书又怎么能够心无旁骛、学有所得呢？名利之心确实比修进学识更有诱惑力，就像野草总是比庄稼更容易生长。只有清除这些杂念，知识与道德的良田才可能免于荒芜枯萎。吟咏之乐总是要比著书立说更吸引人，但这只能算是对文学的一种爱好，而不是钻研。

一个真正的学者把知识看得高于一切，做学问来不得半点含糊，唯有“收拾精神，并归一路”，才能取得精深的造诣。

居官爱民　立业种德

※原文

读书不见圣贤，如铅椠庸；居官不爱子民，如衣冠盗；讲学不尚躬行，如口头禅；立业不思种德，如眼前花。

※译文

读书却不能研习领悟圣贤的真理，就会变成专事写字的仆佣；做官却不能爱民如子，就如同衣冠楚楚的强盗；讲求学问而不重视实践，就像口头念经、不悟禅心的和尚；建功立业却不想广积功德，就像盛开的鲜花转眼就会凋谢。

※评析

读书讲究悟性，最重要的是领会其中的思想精髓，死记硬背不但起不到读书的作用，反而容易造成思想僵化，毫无创造力可言。从政者爱民如子是其本分，为民谋福利是其义务，但如果居高位而不为民谋利，他不仅没有功绩，对社会还会有负价值，巧取豪夺的贪官比强盗更加可恶，给人民造成的危害是不可估量的。讲学之人如果没有实践经验，只一味地空口说白话，即使讲得天花乱坠，也不过是空中楼阁，经不起现实的风吹雨打。同样，一个成功人士如果没有高尚的人格作支撑，成功就如同昙花一现，不会永远留在你的身边。

胸次玲珑　触物会心

※原文

鸟语虫声，总是传心之诀；花英草色，无非见道之文。学者要天机清澈，胸次玲珑，触物皆有会心处。

※译文

鸟叫虫鸣无非是大自然传递心声的方式；花红草绿无非是阐明天道的文章。做学问的人心灵要纯净，胸怀要磊落，这样接触任何事物都能够心领神会。

※评析

天地自然中处处充满无限机趣，只有心灵通透光明，才能对它们真正地心领神会。大自然无时无刻不在用美妙的声音和肢体语言向我们诉说，用它秀丽的山川、辽阔的大地，用它周而复始的运转，传达着它每一秒的喜怒哀乐。每一朵鲜花都是大地的微笑，每一声莺啼都是天空的歌唱。最伟大的作家，首先是最好的读者和听众，他最能读懂自然的语言，并把它转述给世人。世界本身就是一首动人的诗歌，学者和世人都需有最通脱的心灵才能心领神会，并为之动容、慨叹。

拙意无限　巧象含衰

※原文

文以拙进，道以拙成，一拙字有无限意味。如桃源犬吠，桑间鸡鸣，何等淳庞。至于寒潭之月，古木之鸦，工巧中便觉有衰飒气象矣。

※译文

文章质实才能有长进，道义拙朴真诚才能修成，一个拙字有着无限的意味在其中。像桃花源中的狗吠、桑榆间的鸡鸣是何等的淳朴自然。至于寒潭中的月影、古树上的乌鸦，虽然工巧，却给人一种衰败肃杀的气象。

※评析

大智若愚，大巧若拙。所谓物极必反，看似笨拙的事物未必真的笨拙。因为拙并不等于笨，它是一种对人工的驱除和对自然的顺应。“拙”是一种质朴，一种真诚，而质朴和真诚是最能打动人的。

最好的文章不是镂金锉玉的堆砌，堆砌的东西只是乍看上去精致，却没有能打动人的真情实感。做学问也是一样，读书没有窍门，勤奋扎实看似是最笨的方法却也是最有效的方法。为人处世也是一样，只要我们出于真、出于诚、出于自然和质朴，就会营造出和睦融洽的人际关系；花言巧语、阿谀奉承虽然让人很受用，但却也常常会弄巧成拙。

道者应有木石心　名相须有云水趣

※原文

进德修道，要有木石的念头，若一有欣羡，便趋欲境；济世经邦，要段云水的趣味，若一有贪著，便坠危机。

※译文

修身养性、追求真理，要有像木石一般冷静、坚定的意志，如果一旦有了对世俗羡慕的念头，就会落入充满欲望的境地；救助苍生、治理国家，要有行云流水般淡泊的情怀，如果一旦滋生了贪恋富贵荣华之心，就会陷入充满危机的深渊。

※评析

古人进德修道讲求专心静心，我们对待学习更应如此。俗话说，“东看老鸹西看燕”终究难成什么气候。“具木石心”，始终专一坚定，矢志不渝，才能学有所成。

物欲是引诱心思离开道德学问的毒蛇。无论是古之为官，还是今时从政，保持淡泊的名利之心，不为财富权力所惑，两袖清风，才能把人做得更为高妙。更何况政治领域里的斗争错综复杂，一不小心，就会被卷入残酷的漩涡中，轻则身败名裂，重则身首异处。

因此，为学不受欲所侵，当政不为利所导，才能身处云水逍遥之处，尽得生活真趣。

量弘识高　功德日进

※原文

德随量进，量由识长。故欲厚其德，不可不弘其量；欲弘其量，不可不大其识。

※译文

人的品德是随着气量的增长而提升的，而人的气量则是随着人见识的提高而增加的。所以想要使自己的品德获得提升，就不能不使自己的气量变得更宽宏；而要想使自己的气量更加宽宏，就不能不提高自己各方面的见识。

※评析

“海纳百川，有容乃大。”要有大海般宽阔的胸襟，就要有融汇百川的度量。道德之舟的提升需要有大海般宽广的胸襟，而宽广的胸襟是不断吸纳宇宙知识的结果。无知的人因为别人犯一个错误而莫名惊诧，知识渊博的人却知道每个人都很无知。圣人都有包容天下的度量，一个没有度量的人，很难体味到道德的真意。度量更是衡量一个人能否成大器的标志，小肚鸡肠的人会为了鸡毛蒜皮的事情斤斤计较，哪里还有时间和精力去运筹帷幄、指点江山呢？

因此，想成大事必须要有大量，要有大量就必须使自己的知识更加充实丰富。“德随量进，量由识长”说的就是这个道理。

外伤易医　心障难除

※原文

纵欲之病可医，而势理之病难医；事物之障可除，而义理之障难除。

※译文

放纵欲望的毛病能够医治，但固执己见的毛病却不好医治；来自事物的障碍可以消除，但死搬教条的心理障碍却难以消除。

※评析

“外伤易医，内伤难治。”外在看得见的东西总是好处理的，可人内心看不见的想法就难以琢磨了。正所谓“去山中贼易，去心中贼难”。做人无法通情达理，是因为心中有个自以为是的魔障。对待外界的障碍，只要用心就能扫除，而心中魔障却有太多的内因深藏于思想，使你难以对它大动干戈。

做人处世不能固执己见，只凭经验和教条做事会在心理上形成一种障碍。障碍不除就会影响办事效率和人际关系。而要驱除“心魔”，别人是帮不上忙的，因为它藏于你的内心深处，一碰就会痛彻心扉，只有自己痛下狠心才能将其连根拔起。

意见害心　聪明障道

※原文

利欲未尽害心，意见乃害心之蟊贼；声色未必障道，聪明乃障道之藩屏。

※译文

名利和欲望不一定都会戕害人的心性，自以为是的想法才是戕害本性的最大祸源。声色之事不一定就能妨碍道德，自作聪明的行为和举措才是破坏道德的最大障碍。

※**评析**

名利、欲望、声色的诱惑虽大，但一个人只要意志坚定，这些外物便起不了任何作用。所以说戕害人性的祸源不一定是外物，它更多时候来自于人的偏私和狂妄。“聪明反被聪明误”，想法偏私狂妄的人往往自作聪明、自以为是，偏执己见而听不进任何违逆的言论。这样的人如果当权，往往会成为一个刚愎自用的独裁者，不仅行事全凭一己之喜好，而且心胸狭隘、顽固不化，没有容人之量。试想当一个人的心灵受到本身邪妄的想法荼毒至深时，那原本善良的本性还能不变质吗？

物出天然　意适无事

※**原文**

意所偶会便成佳境，物出天然才见真机，若加一分调停布置，趣意便减矣。白氏云：“意随无事适，风逐自然清。”有味哉！其言之也。

※**译文**

心中偶然领悟的意境就是一个最佳的境界，事物是天然形成才能显出真正的机趣，如果刻意增加一点来调整修饰，情趣就减少了。白居易说：“无事可想时心情最舒畅，自然吹来的微风才最清爽。”他的话真是让人回味无穷啊！

※**评析**

物出天然才是真美，不加雕饰才能意趣天成。做文章也是一样，灵感来时要抓得住，若只一味闭门造车、堆砌藻饰，即使做得满眼繁华，也难免缺乏生气，不过入得二三流。而诗人的风流高雅，在于能读懂平淡的生活，每一缕空气都使他感到新鲜，每一次太阳升起在他眼里都与昨天不同。那些每日故作赏花弹琴、咬文嚼字的人，只能证明自身的庸俗和诗意的匮乏。

美总是在我们不经意间来到身边，又会在不期然时离去，如果只是埋头苦读，或忙于布置，就会与它擦肩而过。

手舞足蹈　心融神洽

※**原文**

善读书者，要读到手舞足蹈处，方不落筌蹄；善观物者，要观到心融神洽时，方不泥迹象。

※译文

真正会读书的人，要读到手舞足蹈、心领神会时，才不会陷入文字的陷阱；真正会观察事物的人，要观察到全神贯注、物我相容时，才不会拘泥于事物表面的现象。

※评析

读书要读出书的内涵，只读得皮毛，即使能倒背如流也算不得会读书。真正会读书的人，其心智既独立于身边的万物，又能使自己全身心地投入其中，并与自然万物及社会万事融为一体。不仅要能领会精神，还要能够学以致用，才算把书读到家了。观察事物也是如此，如果能做到心神融洽、不拘泥于迹象，你会很快进入一个新境界，不仅会得到妙悟，视野也会豁然开朗。

读书、观物如果能达到这两种境界，真正领悟到其中的奥妙，那么就会超越读书、观物本身，而变成一种享受了。

打好根基　终成令器

※原文

子弟者，大人之胚胎；秀才者，士大夫之胚胎。此时若火力不到，陶铸不纯，他日涉世立朝，终难成个令器。

※译文

孩子是大人的雏形；秀才是官吏的雏形。在孩子或是秀才阶段如果教育不够、锻炼不足，以后涉事做人或者在朝为官，终究难以成为一个有用之才。

※评析

孩子是一个国家、一个民族，甚至整个世界的未来，要使其成为有用之才，从小就需要对他进行良好的教育。如同要想使一棵小树成为栋梁之材，就要从它还是树苗的时候栽培、浇水、施肥、松土、修剪，最终它才能长成参天大树。而作为植树者的父母，往往忽略了最后一个环节，一株未经修剪的小树，只会旁逸斜出，没有一根笔直的树干，又如何能高耸入云呢？

“玉不琢不成器，人不学不知义。”不经过雕琢的玉只能称其为顽石，不经陶冶与锻炼的人也难成大器。掌握好教养的火候与技巧是每一个家长和老师应尽的责任与义务。

人生无常　不可虚度

※原文

天地有万古，此身不再得；人生只百年，此日最易过。幸生其间者，不可不知有生之乐，亦不可不怀虚生之忧。

※译文

天地的运行永恒不变，但人的生命只有一次，死后就不再复活了；人生再长也不过百余年的时间，一眨眼就过去了。既然我们有幸生存在这个永恒运行的天地间，就不可以不了解人生的乐趣，也不能不提醒自己不要虚度一生。

※评析

人的生命，失去了便不能重来，所以要珍惜，活在当下，让自己过得充实。可惜的是，人往往不能及时把握自己，总在蹉跎有限的生命。自古以来，不同的人存在不同的价值取向。人的生命最多不过百年，而百年的时间转瞬即逝，既然有幸生存在天地之间，为何不好好地生活，让自己的生命发光发热？什么样的人生才有意义呢？定义虽因人而异，但若能珍惜当下必无遗憾。

所以，我们要时刻提醒自己不要虚度光阴，要在有限的人生中去发掘生命的价值与乐趣，让自己拥有无憾的人生。

齐家从政篇

富贵名誉，自道德来者，如山林中花，自是舒徐繁衍；自功业来者，如盆槛中花，便有迁徙兴废；若以权力得者，如瓶钵中花，其根不植，其萎可立而待矣。

弄权一时　凄凉万古

※原文

栖守道德者，寂寞一时；依阿权势者，凄凉万古。达人观物外之物，思身后之身，宁受一时之寂寞，毋取万古之凄凉。

※译文

固守道德礼法的人，只不过会有一时的寂寞；依附权势的人，却会招致永远的凄凉与孤独。心胸豁达的人，重视物质以外的精神价值，考虑死后的千古声誉。所以，他们宁愿承受一时的寂寞，也不愿意遭受永久的凄凉。

※评析

栖守道德者果真会感到寂寞吗？经验告诉我们，遵守道德与规范的人会有一时的寂寞。但这“一时之寂寞”却是一种宝贵的历练！

如同在危险海域戏浪，依附权势者就像禁不起诱惑而投身其中的人，他们为寻求短暂的刺激与快乐，而不顾随时会被巨浪吞噬的危险；固守道德礼法的人则甘于简单朴实，不愿意去贪图一时的刺激与快乐，让自己免于陷入灭顶之灾的危险之中。有这样一句话：“卑鄙是卑鄙者的通行证，高尚是高尚者的墓志铭。”若真为君子，就会有所为，有所不为，而小人却为达到目的，不择手段。但是，人不只是有肉体生命，还有灵魂。只有清高豁达之人，才能看破世俗权贵，恪守自己的操守，坚持自己的原则，以正直淡泊之心处世。

骄矜无功　忏悔灭罪

※原文

盖世功劳，当不得一个矜字；弥天罪过，当不得一个悔字。

※译文

即使有盖世的丰功伟绩，也承受不了因恃功自傲而引起的抵消效果；而即使犯下滔天大罪，只要能忏悔改过，就能赎回以前的过错。

※评析

历史上拥有盖世奇功却晚景凄凉的人何其多！人最容易犯的错误就是恃功傲物。例如为汉高祖立下汗马功劳、但恃功自骄以致死于非命的韩信就是“骄者必败”的最佳明证。做人处世必须清楚自己的分际，千万不可逾越了本分，以免招致祸端。要知道任何丰功伟绩都是众人齐心努力的成果，绝非一人之力就能完成，“一将功成万骨枯”说的就是这个道理。所以，做人岂能独占其功、恃功自傲呢？

有太多的例子告诉我们，因一念之差而将功勋据为己有的人，往往不得善终。反之，曾经犯下滔天大罪的人，只要真心悔过，就能重新做人，此即所谓“放下屠刀，立地成佛”。

轩冕客志在林泉　山林士胸怀廊庙

※原文

居轩冕之中，不可无山林的气味；处林泉之下，须要怀廊庙的经纶。

※译文

享受高官厚禄的人，要保有一种隐居山林、淡泊名利的情操；而隐居在田园山林之中的人，必须要有治理国家的才能。

※评析

从政为官之人在权势头上要保持几分山林雅趣，培养淡泊名利的情操，身居仕途不忘自然；而闲云野鹤般自由自在地生活着的民众，也不可以忘记国家，要时时刻刻关心国事，身在世外、心怀天下。

在现代，人们参政议政的意识增强，社会透明度也越来越高，所以个人的生活方式可以自己选择。但“志在林泉，胸怀廊庙”的传统依然影响着人们，社会的发展不允许人把自己封闭于社会之外，锁在个人的小天地里。若能既怀有廊庙的经纶，又不乏山林的气味，两全其美当然皆大欢喜。

登高知危　处乱勿躁

※原文

居卑而后知登高之为危，处晦而后知向明之太露，守静而后知好动之过劳，养默而后知多言之为躁。

※译文

先站在低下的位置，然后才知道攀登高处的危险；先处在晦暗的地方，然后才知道面对光亮的地方会刺眼；先保持宁静的心情，然后才能了解终日奔波的人太过辛劳；先修养沉默的心性，然后才知道言语过多是浮躁、不安静的表现。

※评析

所谓“当局者迷”，有时候转换立场，站在不同的角度来看待同一事物，才会发觉自己原先所处的环境险阻重重，让人心惊不已。任何一种利益都有其正反两个方面。只是在你拥有它之前往往看正面看得多一些。一旦拥有，便同时承担了拥有其的痛苦。

由此观之，我们凡事都应该多方面地观察思考，以使自己的观点不偏执于一隅，等到将来临事时才不会被迷惑，而能看清事物的真相，以最圆满的方式来处理问题。如果能够这样，就不会让自己的心力浪费在无谓的摸索当中了。

无胜于有德行之行为　无劣于有权力之名誉

※原文

富贵名誉，自道德来者，如山林中花，自是舒徐繁衍；自功业来者，如盆槛中花，便有迁徙兴废；若以权力得者，如瓶钵中花，其根不植，其萎可立而待矣。

※译文

一个人的富贵名声，如果是从道德修养中得来，就有如生长在大自然中的花草一般，会逐渐繁衍，绵延不绝；如果是从建功立业中得来，就有如栽种在木盆中的花，会因生长环境的变化而随之衰荣；如果是以权势力量得来，就有如插在花瓶中的花，因为没有根基，很快便会凋谢枯萎。

※评析

本文就富贵名誉得来方式之不同做比较，指出由道德修养中累积而来的会绵延不绝，从建功立业中得来的会随着环境的变化而变化，以权势力量得来的则很快便会凋零。一分耕耘，一分收获，无根的花是经不起日晒风吹和时光考验的。

常言道，“罗马不是一天建成的”。其实不单是富贵名誉，做任何事情也都必须稳扎稳打地立好根基，才能历久不衰。例如企业的经营，如果没有坚实的基础，就无法在瞬息万变的商场竞争中站稳脚跟、蓬勃发展。

保已成之业　防将来之非

※原文

图未就之功，不如保已成之业；悔既往之失，不如防将来之非。

※译文

与其谋划没有把握的功业，还不如维持已经完成的事业；与其追悔以往的过失，还不如预防将来可能发生的错误。

※评析

“开创未来”向来是人们所关切的课题，尤其在生涯规划日受重视之后，人们更是认真思索起自己的未来。然而，许多人在认真开创未来的同时，往往忽略了影响未来最重要的因素，这就是“把握现在”。

换言之，要先认真地活好当前的每一天，才能累积实现未来的能量。此外，如果犯有过失，应该引以为戒，而不要一味地追悔，那只会让自己陷入消极自责的泥沼之中，并于事无补。

总而言之，尽管人对自己的生活拥有选择权，但我们无法改变过去，也无法确切掌握未来，所以不如把握好现在。这样，至少在“当下”成为“过去”的时候，我们不再有遗憾，而且还将更清楚“未来”的方向。

一念贪私　万劫不复

※原文

人只一念贪私，便销刚为柔，塞智为昏，变恩为惨，染洁为污，坏了一生人品。故古人以不贪为宝，所以度越一世。

※译文

人只要心存一丝贪念，就会使原本刚直的气节变得柔弱偏激，使原本聪明的智慧变得昏昧，使原本慈悲的心肠变得狠毒，而原本纯洁的人格也变得污浊，结果败坏了一生的人品。所以，古人视不贪为修身之至宝，能够做到不贪，就能超凡脱俗地度过一生。

※评析

心里只要一起贪念，就没有什么坏事做不出来。自古以来，为了满足贪欲而不惜丧节败德者不胜枚举。就字义而言，“贪”是得到而不知足的意思。有句俗谚说“人心不足蛇吞象”，一个心有贪念的人，胃口只会愈来愈大，敛取的手段也会愈加胆大妄为，将“忠孝节义”早已抛到九霄云外去了，哪里还有什么羞耻之心可言？若落得锒铛入狱、身败名裂的下场，更是不足为奇。

所以，作者说“便销刚为柔，塞智为昏，变恩为惨，染洁为污，坏了一生人品”，难怪古人早有“贪为败身之大”的说法。

多种功德　勿贪权位

※原文

平民肯种德施惠，便是无位的公相；士夫徒贪权市宠，竟成有爵的乞人。

※译文

一个平民百姓如果愿意行善积德、广施恩惠，就等于一个没有官位的公卿将相；反之，拥有高官厚禄的士大夫如果贪恋权势、冀求宠信，他的行径就卑鄙得如同一个有爵禄的乞丐一样。

※评析

一个乐善好施的人，即使不居官，受到人们尊敬的程度也不亚于公相；反之，一个身居要职的人，如果不思造福百姓，对地方建设也毫无建树，成天只知奉迎上司，那么他的行径比乞丐更为不如。平民百姓一餐饭的布施，远胜于官府豪富的车载船运的安抚。在民智开启的今天，官员们已不再是“大人”，而是“人民公仆”了。虽说如此，公务人员利用职权之便行不法之事仍时有所闻，当然一旦事情败露了，人们不免对其大加鞭挞。

民众怒斥其人的行径天理不容，进而慨叹为什么假公济私者如此之多了。

勿犯公论　勿陷权门

※原文

公平正论，不可犯手，一犯，则贻羞万世；权门私窦，不可著脚，一著，则玷污终身。

※译文

凡是大众所共同遵守的道德规范和法律，都不可以轻易去触犯，一旦触犯了，就会遗臭万年；凡是权贵之家营私舞弊的地方，都不可以轻易踏进去，一旦参与了营私舞弊，就会玷污一生清白。

※评析

既是大众所共同遵守的道德规范和法律，就表示它能维护大多数人的权益，也是保障社会稳定的必要法则，当然不可以轻易去触犯。一旦触犯了，必将因伤害大多数人的利益，而使自己无立足容身之地。至于攀权附贵，凡是讲气节有操守的人，往往光明磊落，绝对不会屈节去做奉承达官贵人的事。

换言之，“君子爱财，取之有道”，名利固然是人之所欲，但如果要借由阿谀奉承、讨好权贵的方式来得到，那就成了小人行径，还是宁可不要做，省得玷污了一世清白！

无过便是功　无怨便是德

※原文

处世不必邀功，无过便是功；与人不求感德，无怨便是德。

※译文

人生在世不必强求功劳，只要能够做到不犯错就算有功劳；施恩于人不必要求对方感恩戴德，只要没有受人怨恨就是功德。

※评析

“无过便是功，无怨便是德”所要阐释的是一种舍己为人的精神。在自我意识增强的今天，人们愈来愈懂得如何表现个人优点，尤其在职场打拼的上班族，如果业绩不佳，还可能遭人解雇。积极努力固然值得嘉许，但如果为求表现而不惜邀功诿过就不足取了。

再者，人与人之间原本就该互相帮助，才能共创美好未来。有能力帮助别人应该感到幸运。所以，如果在工作上要以践踏别人来换取自己的成就，倒不如在做好分内事上尽心；而予人恩惠要不求对方感恩戴德，应该视之为回报社会，是自己分内之事。

淡泊名利　自适其性

※原文

峨冠大带之士，一旦睹轻蓑小笠，飘飘然逸也，未必不动其咨嗟；长筵广席之豪，一旦遇疏帘净几，悠悠焉静也，未必不增其绻恋。人奈何驱以火牛，诱以风马，而不思自适其性哉？

※译文

头戴高冠腰系宽带的达官显贵，若偶尔看见身穿蓑衣头戴斗笠者的洒脱飘逸，未必不会产生感慨嗟叹。家居排场生活奢华的贵族豪门，若偶尔看到窗明几净的小户人家的清静悠闲，未必不会不多一份眷恋之情。既然这样，人们为什么还要为了名利互相争斗，为了欲望不可自拔，而不去思考如何使自己恢复本性，安然自适地生活呢？

※评析

人总是没有满足的时候，一无所有时天天梦想着锦衣华盖的贵族生活；一旦拥有了这一切，却又在不时回味平淡生活中的点滴快乐，富有的人永远缺少的是那种平常人的欢乐。到底什么才是自己想要的？快乐还是财富？我们不分昼夜地忙碌所得到的，难道就只能是慨叹和后悔吗？其实快乐与财富并不矛盾，没有财富的日子我们就去体会粗茶淡饭和讨价还价所带来的乐趣；拥有财富我们也可以去体会乐善好施和衣食无忧所带来的安逸。

快乐就在自己身边，如果只是把目光放在别人碗里，自己碗中就永远没有可口的饭菜。

急流勇退　与世无争

※原文

谢事当谢于正盛之时，居身宜居于独后之地。

※译文

引退应该选择在事业正处巅峰之际；居家养身最好选择在与世无争之所。

※评析

人贵知足，张良在协助刘邦取得天下后，毅然谢封归隐，改行从商；范蠡在帮助勾践完成复国大计后，也悄然引退，后来经商有道，人称陶朱公；汉武帝最宠幸的李夫人深知“以色事人者，色衰而爱弛”的道理，所以在临终之时，坚持不让武帝看到自己久病后的憔悴容颜，以免破坏了自己在武帝心中的美好形象。懂得见好就收的人，即使转换跑道后也会有不错的表现，张良、范蠡均在商界大放异彩，而李夫人虽然辞世，但其父兄家人都因武帝对她的恋恋不舍而享受恩待。相反，同样帮助刘邦建立汉王朝的韩信，因为舍不得离开自己的官位而招致杀身之祸。

这些历史上从正反面印证“急流勇退”的故事都说明了一个道理，就是任何事情在达到巅峰之后，都会走下坡路，而祸患也随之而来。虽然功成身退的道理人人都懂，然而现世之人大都难以领悟这保全自己的不二法门，总要到狼狈不堪的地步才知追悔。

不希荣达　不畏权势

※原文

我不希荣，何忧乎利禄之香饵？我不竞进，何畏乎仕宦之危机？

※译文

我如果不期望荣华富贵，又何必担心他人用名利为饵来诱惑我呢？我如果不竞相追逐功名，又何须忧虑官场中所潜伏的各种危机呢？

※评析

常言道，“祸福无常，唯人自招”。荣辱祸福并不会无缘无故加诸任何人身上，大多都是世人自己招致的。想要过平凡日子的人，虽然没有过多的荣华富贵，但也没有与之相应的祸患风险，如人饮水，冷暖自知便好。

勿羡名位　勿忧饥寒

※原文

人知名位为乐，不知无名无位之乐为最真；人知饥寒为忧，不知不饥不寒之忧为更甚。

※译文

世人只知道拥有名声和地位是人生的一大乐事，却不知道不受名声地位所累的快乐才是真正的快乐；世人只知道挨饿受冻令人忧虑，却不知道那些不愁衣食的人在精神上的空虚忧愁更为痛苦。

※评析

拥有名位就等于拥有快乐人生吗？衣食无忧的人精神生活也同样不匮乏吗？衣食无忧精神匮乏空虚的人更为痛苦。

难怪童星出身的摇滚巨星迈克尔·杰克逊对自己未能如其他孩童般拥有天真的童年抱憾不已，也坦承被大家看着长大的经历相当“不快乐”。著名的人本心理学家马斯洛提出人有生理、安全、爱与隶属、受人尊重、自我实现及灵性等六大需求，基本的生活温饱是属于第一层次，而最高层次是灵性需求。

就此来看，一个人如果连生活的基本需求都无法满足，当然会苦不堪言，但生活上的任何痛苦，都不及心灵空虚让人感到无助。而人一旦欠缺灵性的滋养，就将失去追求自我超越的动力。

浓不胜淡 俗不如雅

※原文

衮冕行中，著一藜杖的山人，便增一段高风；渔樵路上，著一衮衣的朝士，转添许多俗气。固知浓不胜淡，俗不如雅也。

※译文

在达官显贵行列之中，如果增加一个拄着藜杖的隐逸之人，就会平添一段高雅风韵；在渔父樵夫行走的路上，如果站着一个锦衣华服的朝廷之士，反倒会添了许多庸俗之气。由此可知，浓艳胜不过素淡，庸俗比不上高雅。

※评析

青山绿水、田园码头之地淳朴自然，无污浊世俗的官场名利之气；拄执藜杖、蓑衣箬笠之人清新雅趣，望之一派道骨仙风。道骨仙风处于仕族之列便会吹去他们身上许多污浊之气，为官场的灼热带去几许清流；名利之气侵入清新之地，便会使山川河岳也跟着庸俗许多。

为官之人若想保存一份纯真、不受世风侵染，多与清客高士共处自然能够受益良多；而若想怡情山水或亲近百姓，就应当除去象征身份的乌纱，放下那副官架子，同时还要拥有一颗诚挚之心才能得山水之精华、感黎民之苦辛。

明世相之本体 负天下之重任

※原文

以幻迹言，无论功名富贵，即肢体亦属委形；以真境言，无论父母兄弟，即万物皆吾一体。人能看得破，认得真，才可以任天下之负担，亦可脱世间之缰锁。

※译文

从虚幻的现象来看，不只功名利禄变化无常，就连自己的身体也是上天赐予的；从真实的境界来看，不只父母兄弟不是外人，就连天地间的万事万物也和我同为一体。所以，人要能洞察现象的虚幻变化，又必须认得真切，才可以担负起重大使命，也唯有如此才能摆脱人世间相互牵制的枷锁。

※评析

人生是一片海，人们在其间载沉载浮，要想获得驾驭它的能力，除返璞归真别无他法。

但人却常常为物欲所役使。所以，在物质文明发达的现代社会中，人们的精神反而益显空虚。为什么会如此呢？因为人先天的淳朴本性，已完全为欲海所吞噬。

君不见，有多少茫然的现代人，天天糜烂度日，如果问他们工作的目标是什么，他们会回答说为了赚钱；问人生目的是什么，则回答说为了享乐。然而他们活得并不快乐，而且害怕孤独。这正是迷失在物质世界里的人们的悲哀，想要摆脱这种悲哀，必须充实精神生活才能办到。

位盛危至　德高谤兴

※原文

爵位不宜太盛，太盛则危；能事不宜尽毕，尽毕则衰；行谊不宜过高，过高则谤兴而毁来。

※译文

一个人的爵禄官位不可以太过隆盛，如果过于隆盛就会使自己陷入险境；一个人不可以一下子就将才干本事完全发挥显露出来，如果完全发挥就会使自己陷于江郎才尽的困境；一个人也不可以过度标榜自己的品行清高，如果标榜过度，中伤和毁谤就会随之而来。

※评析

正所谓“树大招风”“功高震主”，自古以来，为什么许多开国功臣不得善终？又为什么所谓的明君会屠杀功臣？原因无他，都是因为臣子的爵禄官位太过隆盛了，所以不是震主而招来不测之祸，就是惹人嫉妒而身陷险境。例如为刘邦立下汗马功劳的韩信，就是因为一再与刘邦争功封爵，结果竟惨死于长乐宫钟室，这正是功高震主惹来杀身之祸的典型事例。

同样，一个人也不能将自己的本事一下子全都发挥出来，也不可以过度标榜自己的品行清高。诚如作者所说，能事完全做尽就会陷入困窘的境地，而过度标榜自己，毁谤与中伤就会随之而来。一切都是因为在功名利禄之间，人性中善妒的劣根性被强化所致。

明利害之情　忘利害之虑

※原文

议事者，身在事外，宜悉利害之情；任事者，身居事中，当忘利害之虑。

※译文

当评论政事之利弊得失时，如果本身置身事外，就应该深入了解事情的始末；如果本身是职务负责人，就应该暂时忘却利害关系。

※评析

论事要客观，就必须置身于是非之外；负责职务要无私，就必须置身于利害之外，因为“当局者迷，旁观者清”。所以，想要对某一事件做出公平的论断，最好立场超然，如果未能置身事外来客观论事，极有可能流于一己之偏见，而无法评论出真正的是与非。

此外，执事者必须大公无私，如果徇私不公，就会做出有损公务之事。社会上以私害公的事例层出不穷，诸如占用公款、收取回扣等，犯下这些过失的人，都是在任事之时，无法忘却个人之利害所致。

操持严明　守正不阿

※原文

士君子处权门要路，操履要严明，心气要和易，毋少随而近腥膻之党，亦毋过激而犯蜂虿之毒。

※译文

一个有才学和品德的人在身居权势要位时，操守必须严谨正直，心境气度必须平易随和。绝对不可以接近或附和营私舞弊的奸党，但也不要过度偏激地去触怒那些阴险狠毒的小人。

※评析

从政为官的目的，本来就是要为民众谋福利，操守当然必须严谨正直，否则徇私舞弊、中饱私囊，最大的受害者始终是百姓。

所以，身居要职者，绝对不可与不法集团勾结，而不顾群众利益。为官者如果只着眼于名位利禄而忘了肩负的责任，并利用职权之便营私舞弊，实在是民众之灾、国家之难。天不藏奸，祸国殃民的人即使不受到法律制裁，也会经受不住良心的啃食而惶惶不可终日。

事上敬谨　待下宽仁

※原文

大人不可不畏，畏大人则无放逸之心；小民亦不可不畏，畏小民则无豪横之名。

※译文

对德高望重的人不能不敬畏，因为敬畏，他们就不会产生放纵自己的念头；对普通的平民百姓也不能不敬畏，因为敬畏，他们就不会有强暴蛮横的恶名。

※评析

人总是需要敬畏一些东西才能对自己的行为有所收敛，也才会在人生的阶梯上不断进步。敬畏德高望重的人，是因为他们比我们高尚。在高尚者的面前，我们常会感觉自己渺小而且满身瑕疵，并鞭策自己弥补和改正。对待平民百姓也需要有敬畏之心，原因是这些平凡的人身上往往有最可贵的品质，如果以为他们微不足道就趾高气扬、不可一世，迟早会背上蛮横无理的恶名。

天下无事　雄心宜平

※原文

一事起则一害生，故天下常以无事为福。读前人诗云："劝君莫话封侯事，一将功成万骨枯。"又云："天下常令万事平，匣中不惜千年死。"虽有雄心猛气，不觉化为冰霰矣。

※译文

一件事情的发生总会随之带来一些不利的影响，因此天下人都把没有事情发生当作一种福分。在前人的诗中读到："请大家不要再谈论做官封侯的事了，一个将军的功成名就是用千万个战士的生命换来的。"又说："如果能使天下常保太平，就是把宝剑保存在匣中上千年也不会觉得可惜。"明白这样的道理，纵然有万丈雄心和冲天豪气，也会在不知不觉中变得像冰雪一样冷静了。

※评析

天下无战事，便是万民之福。哪一个平凡的人愿意生活在颠沛流离、狼烟四起的动荡时局之中呢？成功的车轮，常是碾过凡人的躯体前进的，许多非凡的功业都需要无辜的牺牲者来支撑。不过即使再非凡的功业，也没有理由拿无辜者的生命作为赌注。平凡的人们不需要事功，不需要无休止的拓边，只需要安静的生活。

因此，我们提倡和平共处，同情那些在战火中流泪的平民，反感一切不稳定因素。那些发动战争的人是否愿意从民众的角度考虑一下，名誉和利益真的比人的生命还要重要吗？

读易晓窗　谈经午案

※原文

读易晓窗，丹砂研松间之露；谈经午案，宝磬宣竹下之风。

※译文

清晨在窗边研读《周易》，将圈点书籍的朱砂用松间露水研开；午后在桌前谈经论典，清脆的木鱼声被竹林里的清风传得很远。

※评析

读《周易》于晓窗前，以松露研砂，轻笔批点，当第一缕阳光透射进来的时候，不觉心智大开，浑然忘我，正所谓"独坐小屋读《周易》，不知春去几多时"；谈经午案间，清风徐来，木鱼声声，又是怎样一种清雅脱俗的境界？

现代人或许已很难再去亲身体验那种超凡入圣的生活，不过从古人的叙述中，我们依然可以体会出那种遗世独立的清空与超脱。人生的心灵感受本来是相通的，人生的境界同样可以提高到同一层次，即使你手中的《周易》变成了笔记本电脑，木鱼变成了鼠标，依然能够达到一种心灵超脱的境界。

为生民立命 为子孙造福

※原文

不昧己心，不尽人情，不竭物力。三者可以为天地立心，为生民立命，为子孙造福。

※译文

为人应该不昧自己的良心，不违背人之常情，不浪费财力物力。做好这三点，就能够在天地之间树立正气，为民众安身立命，为子孙后代造福。

※评析

无论你是什么身份、地位，只要你能够做到寸心不昧，你身上的正气和良知就不会泯灭；如果你能够做到不失人情，你就会拥有一颗博大而不失温情的心灵；而同时你若还能做到开源节流，那么就表明你的心智已经十分成熟了。此时的你就可以伸张天地间的浩然正气，可以为天下人造福，可以恩泽后世子孙，你将会成为一个伟大的人。即使你是一个无权无势的普通人也一样能够堂堂正正做人，造福乡里，为儿女积福，成为一个高尚的人。

去声华名利 做正人君子

※原文

饮宴之乐多，不是个好人家；声华之习胜，不是个好士子；名位之念重，不是个好臣士。

※译文

整天大摆宴席寻欢作乐的，不算是个好人家；爱好声色犬马锦衣华服的，不算是个正派的读书人；过分贪图功名追求权势的，不算是个好官员。

※评析

一切物质的东西，本来都是供人们生存生活的工具，如果把这些东西看得太重了，就会被它们所奴役，成为追求物质的奴隶。歌舞、宴饮、打牌，是人们工作之后的消遣，当它不过分时，不失为一种有益的娱乐，但如果它已占用了大量的时间，就会消磨人的意志，空乏人的身心；至于一个把精力放在吃喝玩乐或者衣服的颜色和款式上的学生，又哪来的精力把书念好呢？当政者的权力是人民赐予的，是用来为民造福的，而手握权柄的人如果把它当作自己的私有财产，肆意挥霍、颐指气使，不仅会泯灭自己的灵魂，而且会祸国殃民！

以物付物　出世于世

※原文

就一身了一身者，方能以万物付万物；还天下于天下者，方能出世间于世间。

※译文

能够就自身来使自身了悟的人，才能使万物顺其自然、自由发展；能够把天下还给天下人的人，才能身处尘世而超脱于尘世之外。

※评析

就一身了一身，就是告诉世人要学会自我解脱，不要死抱着名利之心不放。自己本是宇宙间的过客，吃穿用度只不过是天地暂借于你，当你离开这个世界，一切都将全部归还。该来的迟早会来，不如顺其自然，反能落得身心自在。

还天下于天下，是说天下原本就是大家的，不属任何个人所有，当政者如果有了这种胸怀，就能抛开世间烦恼，做一个逍遥自在的智者了。既能入世又能出世，方能行止自如；也只有摆脱功名利禄的缠绕，才能使精神自由自在。

居官无私　居乡有情

※原文

士大夫居官，不可竿牍无节，要使人难见，以杜幸端；居乡，不可崖岸太高，要使人易见，以敦旧好。

※译文

士大夫身居官位时，和别人的书信交往不能没有节制，要使人难以见面，以避免给投机之人留下钻营的机会；辞官隐居时，言行不要太过清高孤傲，要使人容易接近，才能增加和邻里亲族的感情。

※评析

有利益的地方就会有纷争，官场是个利益的集散地，是非之争自然在所难免。所谓“官大担险，树大招风”说的就是这个道理。正因如此，为官者更应注意自己的言行。与人交往过密、门庭若市，难免遭人非议，为自己招来祸端。因此，居官要有节，要使人难见，才能杜绝隐患，树立威严。

而如果你已经解甲归田，那就不要再端着做官时的架子，此时的你与普通百姓并无不同，不同的只是你的心态。如果深居简出，以居官的心态来面对居家的生活，你是无论如何也达不到心理平衡的，并且还会使你身边的人感到疏远。所以，居家要有情，要使人常见，才能使你的生活充满和谐的阳光。

闲时吃紧　忙里悠闲

※原文

天地寂然不动，而气机无息稍停；日月昼夜奔驰，而贞明万古不易。故君子闲时要有吃紧的心思，忙处要有悠闲的趣味。

※译文

天地的运行看似寂然不动，其实从未停止过。像日月从东升到西沉，始终不停地奔驰，它们的光辉是永恒不变的。所以，聪明睿智的君子应当效法自然，在空闲的时候也要有所打算，以便应对意想不到的变故，而在繁忙之中也要保有一份悠闲的情趣。

※评析

有句话说“危机即是转机”，但这句话应该只适用于懂得居安思危的人。因为人无远虑必有近忧，一个只知贪于享乐，而不知在闲散之时也要存有应变之心的人，一旦遭逢变故肯定会不知所措、自乱阵脚，又哪里有能力去从容化解危机呢？

好的精神状态应该是文武之道、一张一弛。只有未雨绸缪的人才能泰然面对危机，甚至化危机为转机，将可能带来的损害减至最低。此外，无论再忙，都要保有一份悠闲的情趣，才能使自己思路清晰，做起事来有条不紊。

快意须早回头　拂心莫便放手

※原文

恩里由来生害，故快意时，须早回首；败后或反成功，故拂心处，莫便放手。

※译文

当一个人受到恩宠的时候，灾难往往伴随而来，因此，在志得意满之际应该见好就收；而遭遇失败挫折或许有助于成功，所以在不顺心的时候不可以轻言放弃。

※评析

所谓“物极必反”，任何事物在达到极致之时，每每峰回路转，形势逆转。一个人太得意的时候，便要小心别人对你的敌意了。急流勇退的道理人人皆知，但能真正付诸行动的人却少之又少，而这一念之差所导致的结局会有天壤之别。

因为人们总是贪恋名位，不愿舍弃所拥有的一切，结果往往招致灾祸。此外，俗谚说“失败乃成功之母”，失败和挫折可以激励人向上，让人从中学习经验，累积成功的条件。孙中山历经多次革命推翻封建王朝清政府就是最好的证明。

天道忌盈　卦终未济

※原文

事事留个有余不尽的意思，便造物不能忌我，鬼神不能损我。若业必求满，功必求盈者，不生内变，必招外忧。

※译文

不论做任何事情都要留点余地，这样即使是全能的造物主也不会妒忌我，鬼神也不会伤害我；如果事业务求圆满，功业追求完美，那么即使不为此生出内乱，也一定因此招致外来的忧患。

※**评析**

一切世事都是盛极必衰，因为万物忌“盈”，一旦盈满就必然招致损耗。所以，做任何事情都应该留有余地，做人也应该如此。

在竞争激烈的今天，每个人都在积极努力地丰富自己的人生。然而，认真打拼固然重要，但不能一味地忙忙碌碌而忽略身心健康。

中国人讲究“年年有余”，这个“余”字，不光是说有余钱余粮，其实也是万事留有余地的意思，应该留些余地给自己，放慢一下脚步，好让心灵享有片刻的宁静。

做事勿太苦　待人勿太枯

※**原文**

忧勤是美德，太苦则无以适性怡情；澹泊是高风，太枯则无以济人利物。

※**译文**

竭尽所能去做事原本是一种美德，但如果过于认真而苦了自己，就会无法调适自己的精神，也会丧失生活的乐趣；看淡功名利禄本来是一种高尚的情操，但如果过分不近人情，也就无法对他人、对社会做出贡献。

※**评析**

有一种人对自我要求很高，做起事来十分投入，每每认真到废寝忘食，刻苦精神让外人赞叹不已。然而，务求尽善尽美的他们把愈来愈多的时间给了工作，曾几何时，休闲娱乐对他们来说已是罪恶和奢侈了。

此外，有一种人不为功名利禄所羁绊，他们恬静无为、清心寡欲，仿佛是与世隔绝的清修者。然而孔子说“过犹不及”，凡事超越了分寸，就和没有达到标准一样不适当。所以，如果过度认真、刻苦，不但令生活变得乏味，还可能让人觉得是刻意求表现；但过度轻视功名利禄到不近人情，则缺乏匡世救人的热忱，就不能有助于人、有利于物了。

原其初心　观其末路

※**原文**

事穷势蹙之人，当原其初心；功成行满之士，要观其末路。

※译文

对一个在事业上遭受失败、穷途末路的人，要推求他当初的本意；而对事业有成、万事如意的人，要观察他是否能长期维持下去。

※评析

俗话说“万事开头难”，又说“创业容易守成难”。究竟是开头难，还是守成难？其实两者都不容易！创业之初，即使已做好了万全准备，也不能保证事业一定成功，因为大环境的变化谁也无法预料。

对于因事业失败而穷困潦倒的人，不要急着否定他，应该先了解他创业的居心是否善良。如果善良，当然值得人体谅，反之，用心不良则不值得同情；至于对事业有所成就的人，就要看他是否能够守成，因为任何一个错误决策都可能导致事业的失败。

所以，事业的成败不能以一时之得失来评定。评定人的品德也不能只看眼前，“声妓晚景从良，一世之胭花无碍；贞妇白头失守，半生之清苦俱非”这句话，最能用来警戒人不要因为贪图小利而致晚节不保。

苦中有乐　乐中有苦

※原文

苦心中，常得悦心之趣；得意时，便生失意之悲。

※译文

在思虑困苦之际，如果能坚持原则，问题解决时内心自然会获得快慰的乐趣；在一帆风顺之际，如果过于狂妄，往往会种下日后祸患的根苗。

※评析

一般而言，在艰苦的环境中奋斗而来的成果往往最为甘甜，也能让人获得最大的成就感。然而，许多人在面临困境时，往往提不起勇气来克服困难，总是悲观地认定自己一定会失败，如此当然永远也无法获得征服万难之后的喜悦。

而更有一些人在一帆风顺时便得意忘形，言行狂妄自大、不可一世，甚至处处树敌，等有朝一日失意了，就得一一品尝自己种出的恶果了。

人生最难是“得之不喜，失之不忧”。如果看得破得失皆身外之物，也就不会得意忘形或失意悲切了。

立身要高一步　处世须退一步

※原文

立身不高一步立，如尘里振衣，泥中濯足，如何超达？处世不退一步处，如飞蛾投烛，羝羊触藩，如何安乐？

※译文

立身处世如果不能站在更高的境界，就像在尘土里拂拭衣服和在泥水中洗涤双足一样，怎么能出人头地呢？为人处世如果不懂得谦让容忍，就像飞蛾扑火和公羊用角撞竹篱笆一样，怎么能摆脱困境，使自己的身心感到安然愉快呢？

※评析

人之所以无法摆脱困境，是由于眼光看得不够远、心胸放得不够宽所致！一个人立身处世，必须要修身养性，尤其待人接物必须谦让，如此才不会落入陷阱，才能跨越障碍，走向光明的坦途。

如果短视近利、只顾眼前，做事不看清楚客观环境就盲目努力，即使费尽心机、竭尽全力，结果也终将如作者所说“如尘里振衣，泥中濯足”“如飞蛾投烛，羝羊触藩”，终将白费心力，使自己陷于进退两难的境地，又如何能有一番作为呢？

抱身心之忧　耽风月之趣

※原文

人生在世，太闲则别念窃生，太忙则真性不现。故士君子不可不抱身心之忧，亦不可不耽风月之趣。

※译文

人的生活如果太闲散了，许多杂念私心就会悄然生出；如果太忙碌了，真纯的天性就不会显现。所以士人君子不能不关心自己的身心健康，避免使自己太过劳累，也不能不懂得吟风弄月的妙趣。

※评析

身体太闲逸，就容易胡思乱想、杂念丛生，正所谓“饱暖生闲事”，无中生有的事情往往是那些闲来无事、东家长西家短的人闲嗑出来的；杞人忧天恐怕也是生活太闲造成的。所以人不能太闲，除非你是个圣人，否则是耐不住寂寞的。

但人生也不能太忙碌，太忙碌就会失去自己的天性和生活的乐趣。当生存已成为第一需要时，人与动物之间并没有什么区别，人们每天都在忙碌，忙碌是为了能生存。这样就失去了人生的价值，生存也就变得毫无意义。

居安思危　天亦无法

※原文

天之机缄不测，抑而伸，伸而抑，皆是播弄英雄，颠倒豪杰处。君子只是逆来顺受，居安思危，天亦无所用其伎俩矣。

※译文

上天的奥秘变幻莫测，有时让人先陷入困境后再转入顺境，有时又让人先置身荣华后再陷于窘境。不论身处何种境地，都是上天有意捉弄那些自命不凡的英雄豪杰。因此，一个有才德的君子面对逆境与挫折时要能处之泰然，平安无事时仍要不忘危难，这样一来就连上天也无法对他施展伎俩了。

※评析

一般人总将“逆境”视为上天的考验，而将“顺境”视为老天的眷顾。其实，不论逆境还是顺境，对人而言都是考验。逆境时，考验人是否具备不向命运低头的勇气；顺境时，则考验人是否意志坚定，不因富贵腾达而蒙蔽本心。

相比之下，许多人都可以通过逆境的考验，在艰难的环境中愈挫愈勇。但如果在顺境中跌倒了，能再站起来迈开脚步前进的人则相对较少，也有人一朝得意，就沉沦在物欲横流之中不可自拔。

由此可知，要想保有纯真本性，就必须以平常心来看待自己所处的环境。身处窘境时不卑不亢，身处顺境时不忮不求，能看透这一点，才能真正不受命运所操控。

多喜养福　去杀远祸

※原文

福不可徼，养喜神，以为召福之本而已；祸不可避，去杀机，以为远祸之方而已。

※译文

福分无法祈求得来，只有常保喜乐，才是获得幸福的根本；灾祸无法避免，只有消除加害他人的动机，才是远离灾祸的有效方法。

※评析

“肯努力就有收获”是我们最常听到的一句励志格言，它激励着莘莘学子埋头苦读，也鼓舞着上班族奋发向上。但如果将“收获”设定在实质层面的回馈之上，例如用功就一定能考得好成绩，努力工作就一定可获得升迁，那么恐怕有许多人会动摇对这句格言的信念了。因为付出与收获往往未必成正比。

既然这样，人为什么还要努力呢？因为收获的真正含义，应该归属在努力的过程之中。例如一支志在夺冠的球队，在不断苦练球技、培养团队默契之后，最终却仍功败垂成。没拿到冠军难道就没有收获了吗？当然不是，虽然没有达到设定的目标，但球技的提高、队员间默契程度的增加不也是很大的收获吗？

所以，凡事只要尽力去做，就能在努力的过程之中获得成长，来自于此的成就也往往更切合实际。

未雨绸缪　有备无患

※原文

闲中不放过，忙处有受用；静中不落空，动处有受用；暗中不欺隐，明处有受用。

※译文

在闲暇时不要轻易放过宝贵的光阴，最好把握时间做一些准备，以便日后忙碌时有所受用；在平静的时候不要忘记充实心灵，要为他日养精蓄锐，以便工作来临时能应付自如；在没有人看见的时候也要保持光明磊落的胸襟，这样才能俯仰无愧于心，在众人面前受到尊敬。

※评析

正所谓“人无远虑，必有近忧”，人不能只顾眼前享受，而不为长远的未来做好准备。

有这么一则故事：在戏剧班每次都扮演小角色的女孩，她期望有一天自己也能有机会担任主角。自从确定目标后，女孩就不断地自我充实，并观摩不同人扮演同一角色的优缺点，还常常自行演练。在某次巡回表演期间，担任主角的演员在演出前几天发生意外而无法参加演出。当班主正为没有适当人选可替代演出而烦恼之际，女孩自告奋勇表示愿意尝试。班主和其他人乍听之后，先是一阵愕然，接着一片哗然，说女孩想当主角想疯了，众人批评、讪笑女孩不自量力。这时，班主观察到女孩的神情坚定，沉思片刻后，便问女孩是否有把握在短短几天内就能掌握住角色的特质，女孩自信地回答说，这个角色自己已揣摩过无数次了，每句对白早已倒背如流。现场又是一阵惊愣，班主对女孩的话半信半疑，于是决定立刻排练。结果，女孩的表现令人惊叹，她的演出胜过所有演过这个角色的人。最后女孩当然获得了梦寐以求的演出机会，并在戏剧界大放异彩。

这则故事告诉人们：机会永远只给已经做好准备的人。

持盈履满　君子兢兢

※原文

老来疾病，都是壮时招的；衰后罪孽，都是盛时造的。故持盈履满，君子尤兢兢焉。

※译文

一个人晚年时体弱多病，那是年轻时不注意保养身体所招致的结果。一个人事业失意后还被罪孽缠身，那是在得志时埋下的祸根。所以，君子在事业显达和生活圆满时尤应小心谨慎。

※评析

媒体曾经报道，有一位对手相颇有研究的中医师在为病人诊断病情前，都会先替病人看手相。中医师的说法是，人会罹患某种病痛，都与其过去的生活习惯息息相关，所以希望配合参看手相来找出真正的病因。在此姑且不论以此断症的成效如何，但可以肯定的是，个人的健康自己绝对要负最大的责任。例如长期坐姿不良，脊椎病变很快便会上身；经常心烦意乱，心血管系统、肠胃系统很难不出问题……

总之，如果平时不注意保养身体，那么身体健康就会亮起红灯。由此可知，一个人事业失意后还被罪孽缠身，可能是在得志时埋下祸根之说也深具道理。比如在意气风发之际态度倨傲或挥霍无度，事业失败后别人就不会同情他。

所以，作者提醒人们，在事业显达和生活圆满时更应该小心谨慎。

大处着眼　小处着手

※原文

小处不渗漏，暗处不欺隐，末路不怠荒，才是个真正英雄。

※译文

做人做事必须处处小心谨慎，不可以粗心大意而有所疏漏，即使在没有人看见的暗处也要心地光明、处事公正；而处于穷困潦倒的境地时，仍旧不忘奋发进取，这样的人才是真正的英雄好汉。

※评析

《说苑·敬慎》曰："患生于所忽，祸起于细微。"最容易被人所忽略的小处，往往是日后酿成巨变的祸源。的确如此，人与人之间的摩擦，通常起于不为人所注意的细节上，所以古人才有"千里之堤，溃于蚁穴"的说法。许多人在与朋友日渐熟稔之后，往往分寸尽失，友谊就在摩擦日多之下画上休止符，朋友间因小事而决裂的事情为数不少。

所以，做人做事务必小心谨慎，还要慎独，而在穷困潦倒时更不可颓废丧志。对上述几点，想成就一番事业的人不可不慎。

成败生死　不必强求

※原文

知成之必败，则求成之心不必太坚；知生之必死，则保生之道不必过劳。

※译文

既然知道成功必定会有失败的伴随，那么追求成功的意愿就不必太执着；既然明白有生必有死的道理，那么对于养生之道就不必太花心思。

※评析

有成必有败，有生就有死，成败生死之事若能看透，就真的能够高于世外了。成败盛衰不过是自然的规律，生死荣辱也逃不出自然的法则。失败对人来说固然痛苦，却是每个人难以逃避的，人若只有成功，成功也就失去了意义。要紧的是我们既然知道失败是必然存在的，就不必对成功太执着，希望越大失望就越大，若用一颗坦然的心去面对成败，生活就会轻松许多。

生死之事也是如此，对于一个人来说，最痛苦的不是死亡，而是对死亡的畏惧。勇敢的人只死一次，而懦弱的人在死前就已经历了无数次的死亡。死是生之必然，养生不如养心，心态放平了，生死便于你无碍。

忙里偷闲　闹中取静

※原文

忙里要偷闲，须先向闲时讨个把柄；闹中要取静，须先从静处立个主宰。不然，未有不因境而迁，随时而靡者。

※译文

想要忙里偷闲，就必须先在空闲时做个安排；想要在闹中取静，就必须先在清静时有个主张。如果不是这样，那么就会因为时过境迁心绪变化而变得手忙脚乱。

※评析

忙里偷闲，闹中取静，心胸平和，遇事才能不乱方寸。临危不乱，是转危为安的前提。要做到忙里偷闲，闲的时候就要先做安排，一切都处理妥当了，忙的时候才不至于手忙脚乱；做到闹中取静，静的时候要有主张，乱的时候要能镇定，做到临事不慌，就应当事先计划和安排。

人们总是喜欢在空闲的时候懒懒散散，没有任何计划和准备，一旦问题来临，只会让自己忙得焦头烂额，哪里还有偷闲的机会和心境？人们在清静的环境中只管享受清静，不想着练就不为外物所动的心态，到了纷乱喧闹的环境中又如何能做到处变不惊、泰然自若呢？

盛极必衰　剥极必复

※原文

衰飒的景象，就在盛满中；发生的机缄，即在零落内。故君子居安宜操一心以虑患，处变当坚百忍以图成。

※译文

衰败的现象往往来自于得意时所种下的祸根，而机运的转变多半源自失意时所种下的善因。所以，一个有才学、有修养的君子，在安定的环境中要保持一颗清明的心，以应未来祸患的发生；如果身处变乱之中，就要坚韧不拔地面对困境，以图来日的成功。

※评析

天地间万事万物在达到极致之后，往往接着就要走下坡，所以俗话说“花无百日红，人无千日好”，《周易》也提出了“日中则昃，月盈则亏”的道理。由此来看，盛极而衰似乎是必然之结果。然而，另有“否极泰来”的说法，意谓在经历一切厄运之后，好运便会随之而来。事实上，无论是盛极而衰，还是否极泰来，完全由人本身所促成。因为人在志得意满之际，大多会生出骄傲的心理，而出现狂妄、轻佻的言行举止，这样就等于为日后种下衰败的祸根；反之，当人身处逆境时，如果能乐观面对，不被现实所击倒，而能进一步解决困难，当然就否极泰来了。

所以，做人要时时保有不随外在环境之顺逆而波动的清明之心，才能掌握自己的命运，做自己的主人。

震聋启聩　临深履薄

※原文

念头昏散处，要知提醒；念头吃紧时，要知放下。不然恐去昏昏之病，又来憧憧之扰矣。

※译文

当脑袋昏沉纷乱时，应该提醒自己平静下来让头脑清醒；当工作烦琐而情绪紧张时，要懂得暂时放下工作，以便使自己的情绪恢复镇定。否则，好不容易才摆脱掉昏乱的毛病，却又招惹来心神恍惚的困扰。

※评析

敬业固然重要，但人不是机器，不可能像机器一样日夜不停地运作，必须安排适当的休息，绝不可以过度劳累和紧张。如果让自己绷得太紧，恐怕会有发生不测的可能。现代人生活步调紧凑而压力大，要想在工作领域有所表现，就要付出更多的精力与时间，为了实现目标，有多少人用加倍的努力来换取。当人埋头于工作，经常为了要尽快完成工作而加班熬夜，结果工作成果未必尽如人意，却赔上了健康。想想这样值得吗？没有健康的身心，又如何继续在工作岗位上冲刺呢？

所以，当感到情绪紧张时，要懂得暂时放下手边的工作，让自己先缓和一下。而平时更要多为自己安排适当的休闲活动，如此不仅可以缓解工作压力，更可以促进身心健康。

功过不容少混　恩仇不可过明

※原文

功过不容少混，混则人怀惰隳之心；恩仇不可太明，明则人起携贰之志。

※译文

对于功劳和过失，不容稍有混淆，如果含糊就会让人产生苟且怠惰的心；对于恩惠和仇恨，不可表现得过于分明，如果太过分明就会让人产生怀疑叛离的行为。

※评析

在君权时代，帝王借由赏罚二柄来禁治天下，完成其统治大业。事实上，如果一个社会没有制定赏罚标准来管理民众，就将无法保障大多数人的权益，整个社会亦将丧失进步的动力。国家、社会如此，企业的经营管理也是如此——奖赏能使人努力向上，惩罚能使人改正过失。因此，一个管理者如果对下属赏罚不公，非但无法鼓舞员工的士气，甚至可能导致员工情绪低落。而当所有员工都抱着“反正表现得好没有奖励，表现不好也未必会受到惩处，那何必太过认真”的心态来面对工作时，企业又怎么会有竞争力呢？

所以，一个善于管理的上司，会巧妙运用赏罚来激励士气，而且会公正严明地推行，以凝聚下属的向心力，如此事业才能永续经营。

立得脚定　回得头早

※原文

风斜雨急处，要立得脚定；花浓柳艳处，要著得眼高；路危径险处，要回得头早。

※译文

在狂风暴雨的动荡时局中，要站稳脚跟立场坚定；在繁花翠柳、纸醉金迷的花花世界，要眼界高远抵制诱惑；在山穷水尽、世路艰险的关头，要悬崖勒马及早回头。

※评析

人生的道路上有花浓柳艳的诱惑，也有风斜雨急的打击，更不乏路危径险的考验。对于大多数人来说，成功不会一帆风顺，做人既要有坚定的立场，又要善于审时度势。遭受来自各方面的攻击，这是开创大事业的必经阶段，成功的第一个要求是坚定，“天命不足畏，祖宗不足法，人言不足恤”，有这种勇气才能不被风浪卷走，独立不倚；遭受攻击不可避免，而面对各种各样的陷阱，只要保持清醒的头脑，不去受那些花花绿绿诱饵的蛊惑是完全可以避开的；成功路上布满荆棘，勇往直前的精神固然可贵，只是如果你选的这条路根本就是绝路或者悬崖，那么还是果断勒马、及早回头的好。

应以德御才　勿恃才败德

※原文

德者才之主，才者德之奴。有才无德，如家无主而奴用事矣，几何不魍魉猖狂。

※译文

品德是才能的主人，才能是品德的奴仆。如果只有才能而没有品德修养，就如同一个家庭没有主人而由奴仆当家做主，这样岂有不使家中遭受精灵怪物肆意害人的道理呢？

※评析

“德才兼备”是对人才的一个基本要求。一个有才能的人如果缺乏品德修养，他便会逞能而恣意妄为，做事完全不顾及是否合情合理，并且恃才傲物，处处觉得别人不如自己，认为自己有能力操控一切。当事情的发展不如预期的好时，他只会将过错都推给别人，因为他坚信以自己的聪明才智，不可能评估错误。此外，有的人具有品德修养，但能力不够。如果让这样的人作为经营管理者，只会导致企业积弱不振，因为他恐怕连本身具备的竞争优势都不甚了解，又如何在激烈的商场竞争中幸存呢？

就现今企业而言，一个优秀的经营管理者，除要具备能发掘及整合部属的能力，让部属在各自的工作岗位上发挥最大的潜能之外，更须涵养宽阔的气度及修养，如此才能留住人才，壮大实力。

未雨绸缪　处进思退

※原文

进步处便思退步，庶免触藩之祸；著手时先图放手，才脱骑虎之危。

※译文

在事情进展顺利的时候要想好退路，才能避免进退两难的灾难；当着手做一件事的时候要先计划停手的时机，才能摆脱骑虎难下的危险。

※评析

凡事都有其循环的道理，有进就有退，有成功就有失败，所以做人除了要懂得未雨绸缪外，还必须能随机应变。但是人们在事情进展顺利的时候，往往最容易忘记“物极必反”的道理，忘记潜藏的危机。不是观察不清就贸然投入，就是不懂得适时抽身、见好就收，等到把自己逼到进退两难、骑虎难下的地步，才懊悔不已，可此时已无回天之力。

做任何事都必须要有周全的计划、三思而后行，以免因为无法控制事情的发展而平白遭受损失，导致被动局面而无法挽回。

躁极则昏　静极则明

※原文

时当喧杂，则平日所记忆者，皆漫然忘去；境在清宁，则夙昔所遗忘者，又恍尔现前。可见静躁稍分，昏明顿异也。

※译文

在喧闹嘈杂的时候，平日所记忆的事物都会浑然无知地被忘掉；在宁静安谧的地方，从前所遗忘的事物也会恍然浮现于眼前。由此可见，宁静和烦躁稍一分出，心神的昏昧或灵明就立即不同了。

※评析

在喧闹嘈杂的环境中，人的情绪会跟着浮躁起来，精神意念也不易集中，所以连平日记清楚的事，都会被忘得干干净净；反之，在宁静的环境下，由于心神宁静、意念集中，所以原本已经遗忘的事物又会乍然浮现。人们普遍认为紧张的生活才是充实的，但如果一味紧张，生活就会变得杂乱，一团乱麻似的生活除了耗费精力以外没有任何意义。人生是需要沉淀和思考的，需要有足够的时间去反思。如果你走得太匆忙，没有时间思考人生的终极意义，你的一生只能像是匆匆滑过的流星，在世界上很难留下痕迹。

花开则谢　人事惧满

※原文

花看半开，酒饮微醉，此中大有佳趣。若至烂漫酕醄，便成恶境矣。履盈满者，宜思之。

※译文

赏花要在它半开的时候，饮酒只饮到微醉的程度，这时方能体会到其中的乐趣。如果等到花开灿烂、酒醉如泥之时，就会变得大煞风景了。志得意满，功成名就的人，应该多想想其中包含的深意。

※评析

“诗家清景在新春，绿柳才黄半未均。”初春草色萌动、绿柳才黄是最具诗意的时刻。此时正是生机勃发之时，一切都是新的，春天的味道就在这里；如果到了花繁叶茂、柳絮纷飞之时，出门看到的将是满眼的踏青之人了，春意已无从谈起。当一种事物进入鼎盛，它就会很快走向衰败。当一个人的事业达于一半时，一切皆是生机向上的状态，那时可以品味成功的喜悦；事业达于顶峰时，反而要时时谨慎、处处小心，否则会陷入花开则谢的危机。如果你已经是一个志得意满的成功者，那么就要以“如临深渊，如履薄冰”的态度来待人接物，只有如此才能持盈保泰、永享幸福。

上智下愚可与论学　中才之人难与下手

※原文

至人何思何虑，愚人不识不知，可与论学，亦可与建功。唯中才的人，多一番思虑知识，便多一番臆度猜疑，事事难与下手。

※译文

德才兼备的人心胸开阔，没有什么值得忧虑的，蠢笨浅陋的人没有见识，也没有什么心计，这两种人都可以同他们研究学问，也可以一起建功立业。只有那些中等才智的人，往往比别人考虑得复杂，遇事多会猜测揣摩，结果什么事情都很难同他们一起合作。

※评析

智人与愚人都是可与之共事的人，因为他们身上有一个共同的特点，就是他们都心无挂碍、不耍心机，与他们共事会很轻松。而那些智慧不高、心眼不少的人虽然见识不见得多，诡计却未必少。智人不屑耍小聪明；愚人自知蠢笨，与世争斗也不会捞到好处。中等才智的人却不同，有小聪明凭借便不肯踏踏实实努力，对于利益得失不能无动于衷，总是患得患失。这样的人没有智人的超脱，也没有蠢人的木然，遇事会权衡利弊、处心积虑，使人很难与他们合作，也让自己心力交瘁。而这个世界上中等才智的人却是最多的，也许你我都是，因此，我们有共同的苦恼。其实，只要我们看得开，即使不可能做一个智人，那做一个无忧无虑的愚人又何乐而不为呢？

躁性偾事　平和徼福

※原文

性躁心粗者，一事无成；心和气平者，百福自集。

※译文

性情急躁、粗心大意的人，什么事情都做不成功；性情平和、心态从容的人，各种幸福自然会降临到他身上。

※评析

心浮气躁的人往往急于求成，而急于求成的迫切常常会导致粗心大意，粗心大意的结果恰恰只能是功败垂成。功败垂成就需要从头开始，事倍功半、欲速不达就是这个道理。多一点耐心，少几分浮躁，成功的概率就会增加；多一些深思熟虑，少一些异想天开，事情的进展就会变得顺利。切记，越是接近成功越是要保持冷静的头脑和平和的心态，这样才能做到临危不乱、善始善终。这就是为什么成就越大的人，给人的感觉越沉稳、越随和。可见心境的平和是产生智慧和取得成功的前提。

过满则溢　过刚则折

※原文

居盈满者，如水之将溢未溢，切忌再加一滴；处危急者，如木之将折未折，切忌再加一搦。

※译文

当一个人的事业成就达到顶点的时候，就如同水已经满了快要溢还没有溢出来一样，这时千万不能再多加一滴；当一个人的处境在危急关头的时候，就好像木头快要折断还没有折断一样，这时千万不能再施加一点压力。

※评析

“水满则溢，月盈则亏”，人们都知道这个简单的道理，但却很少有人照着去做。人对“满足”这个词的体会似乎总是没有那么深刻，贪得无厌似乎是人类的劣根性，它时刻盘踞在心灵深处，搅得人心不得安宁。即使功成名就、家财万贯依然不知满足而继续争逐，却忘记考虑自己的承受能力，不懂得物极必反的道理，将自己推向危险的境地而不自知。等到了身败名裂、财散物尽方才如梦初醒，可是为时已晚。

天道忌盈，太完满的东西往往不会长久。因此，懂得适可而止，才能知足常乐。

虚圆立业　偾事失机

※原文

建功立业者，多虚圆之士；偾事失机者，必执拗之人。

※译文

能够建立功勋成就大业的人，大都是处世谦虚圆通的人；而那些丧失机会导致失败的人，必定是脾气固执的人。

※评析

虚圆之士，指的是那些谦虚、圆融的人。谦虚能结交朋友、开拓交往层面；圆融能应变世事、抓住一瞬即逝的机会。执拗之人，指的是那些固执、刚愎的人。固执己见、走路不知转弯，结局一定是头撞南墙；刚愎自用不知变通，结果只能一败涂地。项羽就是一个典型，如果刚愎自用、固执己见，盖世英雄同样回天乏力，英雄末路、四面楚歌岂是“天要亡我”?

成功并不是只靠运气和匹夫之勇的。儒家主张内仁外和、从善如流，就是要人既在内心深处坚持道德原则，绝不让步，外在又要灵活机动、处世随和，这样人与人的关系才可能融洽，成功才能离你越来越近。

人能诚心和气　胜于调息观心

※原文

家庭有个真佛，日用有种真道，人能诚心和气，愉色婉言，使父母兄弟间，形骸两释，意气交流，胜于调息观心万倍矣！

※译文

家庭中应该有一种真正的信仰，日常生活中应该有正确的原则。人与人之间如能保有纯真的心性，彼此以愉快的态度和温和的言辞相待，就能跟父母兄弟融洽相处、意气相投，这比坐禅调息、观心内省还要好上千万倍。

※评析

一般人坐禅调息、观心内省无非是为了求得一个“静”字。现代人的生活节奏加快，精神压力也大，许多人在工作上受了委屈之后，回到家里就对家人发泄，结果不但无法让压抑的情绪获得疏解，还导致和家人之间的关系紧张。

其实，化解不满情绪的最佳方式就是去控制情绪，也就是要做好情绪管理，越是情绪不好就越要心平气和。万事和为贵，家和万事兴，不妨用倾诉来代替迁怒，这样家人或朋友也才能了解你的感受而给予理解和帮助，否则即使坐禅调息也无法让内心真正获得平静。

种田地须除草艾　教弟子严谨交游

※原文

教弟子如养闺女，最要严出入，谨交游。若一接近匪人，是清净田中下一不净的种子，便终身难植嘉禾矣！

※译文

教育弟子，要像养育一个深闺女子般谨慎，应当严格约束出入，注意他和朋友的往来。因为一旦结交行为不正之友，就如同在良田之中播下坏种子，可能永远都种不出好的庄稼了。

※评析

所谓“近朱者赤，近墨者黑”，为人父母者千万不可忽略子女的交友情况。随着时代的不同，现代父母给予子女的空间极大，亲子的关系已从绝对权威发展到犹如朋友的关系。然而，给予的空间大并不等于放任，父母仍应对子女严加管教，尤其应该留意子女的交友情况，这是责任义务，也是对子女关爱的表现。

如果家庭本身没有问题，子女却出现偏差行为，就要考虑其是否结交了品行不端正的朋友，果真如此的话，绝不可掉以轻心。倘若因溺爱子女而放任不管，等将来子女误入歧途后就为时已晚了。师者教书育人也是同样的道理。

春风解冻　和气消冰

※原文

家人有过，不宜暴怒，不宜轻弃。此事难言，借他事隐讽之；今日不悟，俟来日再警之。如春风解冻，如和气消冰，才是家庭的型范。

※译文

家里有人犯了错，不可以随便大发脾气，但也不可以轻易纵容。如果这件事不好直说，就借由其他事物来暗示他改正；如果他一时还难以悔悟，就要拿出耐心等待时机再提醒劝告。这就好比温暖的春风化解大地冻土，暖和的气候消融寒冰一样，只有充满和气的家庭才称得上是模范家庭。

※评析

人都是好面子的，没有人乐意别人对自己大呼小喝，即使错在自己，也总希望别人能温柔规劝，给自己台阶下。但很多人在与外人相处时会留意到自己的态度，回到家里面对最亲近的家人时，却反而失去了爱心和耐心，毫无保留地抒发自己的负面情绪。或许有人会说，家人与外人最大的不同就是，对家人不必掩饰自己的喜怒。但如果对家人反而没有爱心和耐心，那么家人岂不是连外人都不如了吗？

古人说“齐家治国平天下”，一个人的事业再有成就，对外的人际关系再好，倘若家庭气氛不和睦，同样谈不上圆满成功。

从容处家族之变　剀切规朋友之失

※原文

处父兄骨肉之变，宜从容，不宜激烈；遇朋友交游之失，宜剀切，不宜优游。

※译文

面对父兄或骨肉至亲之间发生家庭变故，应该保持镇静，绝不可以过于冲动而把事情弄得更糟；遇到朋友有过失，应该诚恳地规劝，绝不可以害怕得罪友人而得过且过。

※评析

人总有一天会面临亲人的意外变故，尤其是父母尊长的辞世最让人难以接受与面对。死亡一直是人们的禁忌话题，长一辈的人尤其介意，所以用了许多含蓄的词语来替代，诸如“百年”“往生”等。然而，由于忌讳谈生论死，加上预立遗嘱的风气不盛，因此，父母骤逝后，手足间为家产分配不公而闹上法庭，或为安葬事宜而意见分歧之事屡见不鲜。试想，如果逝者有知，看见因为自己的身后事让亲人争吵不休，能走得安心吗？

所以作者告诉我们，在面对家庭变故时，绝不可过于冲动。另外，对朋友有规过之义，如果自己的朋友犯了错，应该诚恳规劝，不能一味袒护。

正气路广　欲情道狭

※原文

天理路上甚宽，稍游心，胸中便觉广大宏朗；人欲路上甚窄，才寄迹，眼前俱是荆棘泥涂。

※译文

大自然中的道理就像一条宽广的道路，只要略为用心去追求，心灵深处就会感觉豁然开朗；而人世间的欲望就像一条狭窄的小路，才一踏步其间，就觉得眼前遍布荆棘与泥泞，让人寸步难行。

※评析

探究人世间的道理，是人生存于世的一门重要功课。有些人从生活中追寻，有些人深入经藏去探求。不管通过哪种方式，只要用心都能有所领悟。每个人在意的事情不尽相同，所以欲求各异。很多人都是在面临生死离别之际，才猛然惊觉自己花了大量时间去追求利禄、名位，反而忽略了生命中最珍贵的东西，例如亲情、友情。

所以，忙碌的现代人，要常常停一停脚步，空出时间去品味一路走来的点点滴滴，多关怀家人和朋友。你会发现，在你前进的过程中，每一个欲望都像阻碍通道的障碍物，不仅让前方的道路变窄了，也阻断了你与家人、朋友之间的交流。于是，你愈走愈辛苦，也与家人、朋友愈离愈远了。

一念一行　都宜慎重

※原文

有一念而犯鬼神之禁，一言而伤天地之和，一事而酿子孙之祸者，最宜切戒。

※译文

如果有一种邪恶的念头触犯了鬼神的禁忌，或者是一句话伤害了天地间的和气，又或者是做了一件伤天害理的事而为后代子孙造成祸害，所有这些行为我们都必须深以为戒。

※评析

人在起心动念之际，也同时种下了因果，不但为自己酿下后患，还可能殃及子孙。常言道“一言不慎，身败名裂”，一个人立身处世，绝对不可以胡作非为，以免为后代子孙带来无穷的祸患。有些人为了“利”字误入歧途，做出伤天害理的事来，他们认为就算东窗事发也由自己承担，家人不会受到连累。但果真如此吗？他的家人当然不必负起法律上的责任，但却要因此受到外人的异样眼光，在指指点点中难以抬头。

所以，做人要多为自己的子孙积些阴德，不要图谋不仁不义的事，才不会为子孙招来祸患。

为官公廉　居家恕俭

※原文

居官有二语，曰：惟公则生明，惟廉则生威。居家有二语，曰：惟恕则情平，惟俭则用足。

※译文

做官有两句名言说：“只有大公无私才能明察秋毫，只有清明廉洁才能令人敬畏。”持家也有两句名言说：“只有宽容才能使家庭和睦，只有节俭才能使家用充足。”

※评析

身居仕途，但凡品德高尚或是有些抱负的人，都希望能够做到公正廉明。为官从政，造福于民本来就是一项至高无上的原则，而公正廉明则是古代做官的基本要求。对清官来讲，首先是不贪，然后是无私，不贪则廉，无私则公，公则生明，廉则生威。

因此，居官之人要明察秋毫，树立自己的威信，首要的就是不贪，只有为官清廉，心中才能无私，无私才不会利令智昏，所谓“廉明”，廉与明是不能分割的。而一个贪官是不会以人民利益为重的，又如何做到清明威严呢？治家也是一样，为人应心气平和，保持勤俭节约的传统美德，不挥霍不浪费，如此才能细水长流，资源才不会枯竭，生活才能更有保证。

伦常本乎天性　不可任德怀恩

※原文

父慈子孝，兄友弟恭，纵做到极处，俱是合当如此，着不得一丝感激的念头。如施者任德，受者怀恩，便是路人，便成市道矣。

※译文

父母对子女的慈祥、子女对父母的孝顺、兄长对弟妹的友爱、弟妹对兄长的敬重，即使做到最完美的境界，也都是理当如此，彼此之间绝不能存有一丝感激的念头。如果施予的一方自以为有恩于人，接受的一方存着感恩的心理，就等于把骨肉至亲变成了陌生人，而出自于至诚的骨肉之情也变成了一种市井交易。

※评析

所谓真爱无价，如果父母子女之间的真情至爱可以论斤称两地计较，父母还能称其为父母、子女还能称其为子女吗？事实上，父母教养子女或子女孝敬父母是各尽其本分，履行应当的责任与义务。但有些为人父母、子女者却忽略了这一点，而条件化了亲子关系。例如，有的父母会以自己的价值观来支配子女的未来，其出发点固然是为子女着想，但子女毕竟是独立的个体，有决定自己未来的权利。而许多求好心切的父母就是无法接受子女违背自己的心愿，在子女坚持走自己的路的时候，就气急败坏地指责子女不孝；有些子女则会埋怨父母没有能力给予自己优厚的生活条件，甚至以此来衡量父母的关爱。

然而，子女不是物品，父母的辛劳与恩情也无法量化，只能用心去体会。亲子间如果真要斤斤计较付出与回报，那跟买卖交易有什么不同呢?

富贵多炎凉　骨肉多妒忌

※原文

炎凉之态，富贵更甚于贫贱；妒忌之心，骨肉尤狠于外人。此处若不当以冷肠，御以平气，鲜不日坐烦恼障中矣。

※译文

人情冷暖的变化，富贵之家比穷苦人家更明显；猜忌怀恨的心理，骨肉至亲之间比外人更为残忍。在这种情况下，如果不能用冷静平和的态度来处理，那就很少有人不陷于日坐愁城的烦恼中了。

※评析

骨肉亲情血浓于水，但自古以来骨肉相残、兄弟阋墙之事时有所闻，尤其多见于权贵之家。例如魏武帝曹丕对其弟曹植的迫害、李世民与其兄建成太子的决战玄武门，帝王之家为权势而战的事例多不胜数。“共患难易，共安乐难”似乎是人之常情，我们常可以听到这样的例子：患难夫妻胼手胝足地打拼事业，辛苦多年后终于小有成就，家境愈来愈富裕，但原本鹣鲽情深的夫妻关系却随之起了变化；或是产业丰厚的豪门，家中成员因争夺家产而反目成仇，各自为了多得到一些好处，兄弟骨肉之间的情分早已荡然无存。

媒体就曾经报道过，一位性命垂危的父亲住院，前来探视的子女却为了争夺家产而吵闹不休，一旁的医护人员在忙于劝阻之余，也只能为那名正与死神搏斗的父亲感到悲哀。这些事例都足以说明“富贵多炎凉，骨肉多妒忌”的状况啊!

当念积累之难　常思倾覆之易

※原文

问祖宗之德泽，吾身所享者是，当念其积累之难；问子孙之福祉，吾身所贻者是，要思其倾覆之易。

※译文

如果要问祖先是否为我们留下恩泽，只要看我们所享的幸福的厚薄就可以知道，所以应当时时感念祖先遗留恩泽之不易；如果要问我们的子孙将来能否享有幸福，就必须先看自己为子孙留下多少德泽，假如留给子孙的德泽不多，就要考虑子孙毁败家业是很容易的。

※评析

“创业容易守成难”“富不过三代”，这些话都是在强调一个道理，即智慧与财物都是先人遗留给我们的恩泽，它们即使得来容易，而作为后代的我们要守住它并将其发扬光大却绝非易事。对于这些宝贵的遗产我们应该珍视，不仅不能挥霍，而且应当善加维护利用。

由此得知，今天我们所努力的一切，百年之后也都将传给子孙，因此作者说“要问子孙之福祉，吾身所贻者是”。所以，如果人们失根忘本，不懂得珍惜所拥有的一切，就是在糟蹋虚耗祖宗先人的恩泽！更是在挥霍透支子孙们的财富！那我们如何去面对后世的责难，又有何面目面对黄泉下的先贤？

心善而子孙盛　根固而枝叶荣

※原文

心者后裔之根，未有根不植而枝叶荣茂者。

※译文

善良的心地是子孙后代的根本，就同栽花植树一样，没有不把根深植在土里而能使花木枝繁叶茂的。

※评析

身教重于言教。为人长辈者日常生活中的一言一行，都是下一代学习效法的对象，对子孙人格的形成影响甚巨。如果上梁不正，下梁必然就会歪。一个心地善良的人，其日常言行都是以善为出发点，儿女子孙经过长时间的耳濡目染，自然而然就学到了以善良处世。而以良善传家者，待人诚恳，做事踏实，自然都能创下一番事业，所以常言道“积善之家庆有余”。

由此看来，留给后代子孙最珍贵的遗产并不是财富名位，而是心存善念的价值观。只有使良善之心代代流传，才能为儿孙种下幸福的根苗。

为人处世篇

势利纷华，不近者为洁，近之而不染者为尤洁；智械机巧，不知者为高，知之而不用者为尤高。

抱朴守拙　涉世之道

※原文

涉世浅，点染亦浅；历事深，机械亦深。故君子与其练达，不若朴鲁；与其曲谨，不若疏狂。

※译文

一个阅历尚浅的人，受社会沾染的恶习自然比较少；而一个饱经世事的人，受社会阴谋巧诈等恶习的影响也随之增加。所以，一个有修养的君子，与其凡事讲求谙练通达，不如保持直率不虚伪的个性；与其事事拘泥小节、谨慎小心，不如豪放而不随流俗。

※评析

有人形容社会是一个大染缸，刚踏入社会阅历尚浅的人，通常都还能保有忠厚的作风，但涉世一深，往往就会变得老成持重。当然，如果是在待人处世上应对有礼、进退得宜，这样并没有什么不好，只是许多处世经验丰富的人，往往变得比较世故，而且城府极深。这种人如果又心术不正，便会为达到自己的目的而不择手段。无论多美的图画，一旦着墨，就不可能比白纸干净。一旦能做到洞悉小人的心计，此人定是久经世事，当然不会纤尘无染，纯如处子。

所以，人立身于社会，须保持自己纯真的本性不受世俗的污染，也不要过于拘泥小节，遇事讲求圆滑练达，但不可过于世故，让人觉得心机难测。

出淤泥而不染　明机巧而不用

※原文

势利纷华，不近者为洁，近之而不染者为尤洁；智械机巧，不知者为高，知之而不用者为尤高。

※译文

不接近权势名利和荣华富贵的人清白，而接近却不受污染的人更为高洁；不知道机谋权术手段的人高明，而知道却不去使用的人更为高明。

※评析

大千世界，天地万物，越是鲜艳美丽的东西，越是潜伏着让人心悸的毒性。例如，作为鸦片原料的罂粟花，含有毒性的野生彩菇等。人类社会也是如此。权势名利、富贵荣华是无数人神往的东西，对人极具诱惑力，如果有机会得到，趋之若鹜者不在少数。但是又有几人在意过权势名利对人心的腐化？

如果想保持纯良本性，最好不要接近权势名利，能做到这点，就可说是为人清白了。不过，只有在矛盾中才能看出人的真品格。只有抵制了诱惑才见得出坚贞，战胜了恐惧才显示出勇敢，拒绝了诡计才看得出高洁。很多人抱怨当今社会的阴暗与复杂，但若处于如此势利纷华的人世中，仍能坚守自己做人的准则，不为时世杂音所动，方称得上真正的俊杰之士。

眼前放得宽大　死后恩泽悠久

※原文

面前的田地，要放得宽，使人无不平之叹；身后的惠泽，要流得久，使人有不匮之思。

※译文

眼前待人处世的立足标准要放得宽阔些，才不会使身边的人对你发出不平的感叹；死后留给子孙后代的惠泽要能流传久远，才会使后人永远怀念。

※评析

胡适说过："要想知道怎么收获，先得知道怎么栽。"这句话不仅适用于做学问，也适用于待人处世。种瓜得瓜，种豆得豆。心胸狭隘的人，处处都要与人计较，恐怕自己吃亏。由于没有广结善缘，到必须求助于人的那一天时，才发现周围的人对自己积怨已深，根本没有人愿意伸出援手，结果使自己陷入形影相吊、孤立无援的境地。

所以做人要心胸宽广一些，待人宽厚一些，不能只顾争利而做事不留余地，否则，最后吃亏的还是自己；此外，人也要常做好事，因为千金总有散尽时，只有嘉言懿行能取之不尽、用之不竭，这才是留给后世最珍贵的资产。

让名远害　归咎养德

※原文

完名美节，不宜独任，分些与人，可以远害全身；辱行污名，不宜全推，引些归己，可以韬光养德。

※译文

崇高美好的名誉与高尚的节操，绝对不要一人独占，应该分一些给别人，这样才能够明哲保身；受辱的行为和不利于己的恶名，不要完全推给别人，应该自己主动担负几分责任，这样才能够掩藏自己的才华而增进品德修养。

※评析

美好的名誉人人皆爱，人类所苦苦追求的除了金钱之外恐怕就是名誉了，但是，如果将荣耀的光环都集中在一个人身上，独占功勋的那个人必将招人嫉恨；而污秽的名声人人厌恶，谁又愿意招得千古骂名？如果污名降身时都将它推给别人，独善其身的那个人必将遭到众怒。

所以，为人处世不可以邀功诿过，有好处应该留些给别人，而有过错就要承担几分责任。与人共事时要切记这个道理，尤其是管理者，如果只知道邀功诿过、推卸责任，必将得不到下属的信任和敬重，团队士气也将因此大打折扣，事业更加不会进展顺利。

知退一步之法　加让三分之功

※原文

人情反复，世路崎岖。行不去处，须知退一步之法；行得去处，务加让三分之功。

※译文

人情冷暖变化无常，人生的道路崎岖不平。因此，遇到走不通的地方，必须明白退一步的处世之法；而在一帆风顺的时候，一定要有谦让三分好处给他人的胸襟和美德。

※评析

常言道“人情比纸薄”，当人飞黄腾达时门庭若市，而穷困潦倒时则门可罗雀，个中滋味，历经成功又失败的人体会尤其深刻。一个人必须具备独立精神，在面临挫折时才能处之泰然，否则一旦遭逢人生低潮期，就只能仰人鼻息、看人脸色。人生的道路起伏不定，下一步是顺境或逆境谁也无法预料，人要有豁达的胸襟，凡事不患得患失。在一帆风顺的时候，要不忘随时助人，在失意的时候不自怨自艾，要鼓足勇气继续奋斗。

正所谓“退一步海阔天空”，人生进退并无绝对，很多时候，进即是退，退即是进。为人处世如能常保此心境，那么不管处境有多艰难，也都能乐观地面对。

处世要方圆自在　待人要宽严得宜

※原文

处治世宜方，处乱世当圆，处叔季之世当方圆并用；待善人宜宽，待恶人当严，待庸众之人当宽严互存。

※译文

居于太平盛世，待人接物要端正刚直；居于动荡不安的乱世，待人接物要圆滑婉转；而处在行将衰亡的末世，待人接物就必须刚直与圆滑并用了。对待心地善良的人要宽容仁慈，对待奸邪的恶人要严厉，而对待平庸的人则要宽严并施。

※评析

在政治清明的时代，因为施行的是大公无私的善政，所以，即使刚正严直地谈论时政、针砭时弊，也不会受到任何政治迫害；如果处在乱世，就要讲求圆滑，懂得明哲保身，注意自己的一言一行，否则口不择言就可能招致杀身之祸。

由此可知，做人要懂得如何进退应对，既要见机行事又不能失去君子坦荡的风范。一个人不能空怀满腔热情却不顾实际情况，自顾自地施展抱负，这样只能碰一鼻子灰。待人要因人而异，顺时应变，万不可不知变通，使自己不知不觉中走人死胡同，陷于骑虎难下、进退两难的窘境。

不流于浓艳　不陷于枯寂

※原文

念头浓者，自待厚，待人亦厚，处处皆浓；念头淡者，自待薄，待人亦薄，事事皆淡。故君子居常嗜好，不可太浓艳，亦不宜太枯寂。

※译文

一个心胸宽厚的人，往往能善待自己，也能善待别人，因此，凡事都讲求气派豪华；而一个欲望淡泊的人，不但自己过着清苦的日子，也处处刻薄别人，因此凡事都表现得冷漠无情。由此可见，作为一个真正有修养的人，其日常生活的喜好，既不应过于奢侈讲究，也不该过分刻薄吝啬。

※评析

一个人对外表现出来的行为态度，往往可以影射其内心思维。因此，在日常生活中，必须拿捏好宽厚与淡泊的尺度，否则太过宽厚便流于奢侈，太过淡泊则流于刻薄。什么事都不要做得太过，过犹不及。做人如果凡事讲求气派豪华，很容易就会变得虚荣浮夸、挥霍无度，甚至为物欲所操控；而如果清心寡欲至苛刻吝啬、不近人情，就很难会去关心、理解别人的立场。

所以，为人处世要采行中庸之道，既要宽厚淡泊，又能把握好尺度，否则浪费无度足以败身，刻薄吝啬足以失人，这些都不是理想的生活原则。

厚德载物　雅量容人

※原文

地之秽者多生物，水至清者常无鱼。故君子当存含垢纳污之量，不可持好洁独行之操。

※译文

一块污秽的土地，正是能生长许多生物的好土壤；一条清澈见底的河流，往往不会有鱼虾繁殖。所以有德行的君子，应该有容纳他人缺点和宽恕别人过失的气度，绝不可以自命清高而孤傲独行。

※评析

俗话说“水至清则无鱼”，一个人如果想创造一番事业，就必须要有清浊并容的气度，否则就将陷入孤立无援的境地。不能因己洁而责人污，亦不能因己污而讥人洁。当然，对有才德的君子来说，要容忍小人确实很难做到，但世间没有绝对的真理，有些时候小人未必会是阻力，反而对功业的建立有所帮助。

就像古代有些君王，明知道某些臣子专爱道人长短、揭人隐私，但仍重用他们，因循并利用小人之性，来完成其称霸大业。总而言之，能容天下的人才能为天下人所容，在对人性的教化与提升方面，还不可能使之皆趋于善的现实情况下，人们就必须培养包容万物的胸怀。诚如史臣所说：“容得几个小人，耐得几桩逆事，过后颇觉心胃开豁，眉目清扬；正如人啖橄榄，当下不无酸涩，然回味时满口清凉。”

宴游惕虑　茕独惊心

※原文

君子处患难而不忧，当宴游而惕虑，遇权豪而不惧，对茕独而惊心。

※译文

君子处在危难的环境中并不会感到担忧，而面对饮宴交游的局面就会知道警惕不沉迷其中；遇到豪门权贵并不会感到敬畏恐惧，而遇到孤苦无依的人就会产生高度的同情心很难无动于衷。

※评析

“贫贱不能移，威武不能屈，富贵不能淫”，是君子保持气节的必备准则。“贫贱不能移”容易做到，因为君子居于贫寒者为多，安贫乐道是可以提升自己人格的基石；而要做到“富贵不能淫”就有些困难了，物质的诱惑或许一次不能打动你，但它却具有一种腐蚀的作用，它在一次次的进攻中逐渐侵蚀你的心房，令你的心理防线越来越薄弱。因此，面对它的诱惑就应防微杜渐，时刻保持警醒的头脑。

“威武不能屈”，君子亦能做到，因为他们本身具有傲岸的人格，不在强权下低头是他们的必修课；而面对鳏寡孤独者，又怎么能不为所动呢？人是需要有恻隐之心的，失去了良知的人是不能称其为君子的。“穷则独善其身，达则兼济天下”，才是每一个有识之士的共同目标。

能彻见心性　则天下平稳

※原文

此心常看得圆满，天下自无缺陷之世界；此心常放得宽平，天下自无险侧之人情。

※译文

如果内心认为万事万物都是圆满的，那么世界就会变得美好而毫无缺陷；如果待人接物都抱着宽大仁厚的态度，那么世界也会变得和睦而没有不正当的邪恶行为了。

※评析

待人接物如果能保有赤子之忱，以无邪之心去看大千世界，那么展现在眼前的一切都将是美好的；反之，如果以利害关系来看待任何事物，则处处充满权诈，心中将徒增不平之气。而当计较之心一起，原本纯良的禀性即消失殆尽，人也变得市侩而不快乐，做任何事都以利益为出发点，在微小的斤两差异之间与人争夺。同时也对人性失去信心，总觉得别人的友善之举定然是别有用心，肯定是妄想从自己身上捞些好处。如此生活就会变得复杂不堪而且乏善可陈，快乐更加无从谈起。

所以，做人当存有孩童般的赤子之心，心中澄明，不偏执利害之见，才能拥有平安喜乐的人生。

操履不可少变　锋芒不可太露

※原文

澹泊之士，必为浓艳者所疑；检饰之人，多为放肆者所忌。君子处此，固不可少变其操履，亦不可太露其锋芒。

※译文

恬静而不羡名利的人，一定会遭受那些热衷名利之人的猜疑；而一个谨言慎行的人，每每遭受那些邪恶放纵之徒的忌恨。所以坚守正道的君子，固然不可以因此而略微改变自己的操守和志向，也绝不可以过分显露自己的才华。

※评析

常言道“树大招风”，具有才德的人置身于容易招忌的恶劣环境之中，最好懂得掩饰自己的才华，不要锋芒太露。只是很多人不明白这种道理，尤其急于一展抱负的人往往力求表现，竭尽所能地展露才华，结果反而招致团体中其他成员的排挤，更有忌恨者千方百计展开攻势，甚至不惜造谣中伤。这种情况在生活和工作中很常见。

看到这里，或许有人要问：难道尽心把事做好也会得罪人吗？现实的状况是：如果在团体中表现得太杰出，而且光环都在自己身上的时候，恐怕很难不遭人嫉妒。

所以，置身于名利场时，要懂得明哲保身，千万不可过于显露自己的才华，以免招来不必要的祸端。

处世要道　不即不离

※原文

处世不宜与俗同，亦不宜与俗异；做事不宜令人厌，亦不宜令人喜。

※译文

为人处世既不应该与世人一样太过庸俗，也不应该为了显示与众不同而标新立异；处理问题既不能让世人处处感到讨厌，也不能为了讨人欢心而故意迎合他人。

※评析

儒家讲究中庸之道，什么事情都不能做得太过，太过就会使自己变得孤立、不受欢迎。我们身处这种文化氛围之中，传统的东西不会轻易改变。标新立异、特立独行都是很难被接受的。同样，阿谀奉承、逢迎献媚也不会受人欢迎。把握好处世为人的尺度需要有丰富的人生历练和社会经验。

在社会的大染缸中，如果想保持独立的人格又不受人排挤，是需要下一番苦功的。既不能同流合污，又不能自命不凡；既不要哗众取宠，也不要故作清高。只有做到温和圆融又不失真诚，才能左右逢源、游刃有余，享受成功为你带来的乐趣！

藏巧于拙　寓清于浊

※原文

藏巧于拙，用晦而明，寓清于浊，以屈为伸，真涉世之一壶、藏身之三窟也。

※译文

一个人即使再聪明也不宜过多地露出锋芒，不妨将智慧藏于朴拙之中；一个人即使再清楚明白地洞悉世事也不宜过多地表露，最好是用谦虚来收敛自己；节操高尚也不可孤芳自赏，应以随和为要；想得到或证明什么，也无须激进，宁可以退为进。这些原则是立身处世时最有用的救命法宝，也是明哲保身的良策。

※评析

常言道“大智若愚”，聪明人深谙藏锋的道理，所以平时韬光养晦，约束自己的言行，不强出风头。文中提出的这些立身处世原则，正是道家致虚守静的修养功夫。藏巧于拙，这是典型的中国人的自保哲学，一个人要想拥有足以藏身的三窟以求平安，首先要藏巧于拙，锋芒不露；其次要韬光养晦，不让人知道自己的才华；更重要的是要在污浊的环境中洁身自好。做到这些，你就可以不必时时提防别人的算计而安然于世了。

这一修养功夫具有缓和冲突的作用，不仅适于古人，在竞争激烈的现代社会仍深具意义，值得大家去学习。

身陷事中　心超物外

※原文

波浪兼天，舟中不知惧，而舟外者寒心；猖狂骂坐，席上不知警，而席外者咋舌。故君子身虽在事中，心要超事外也。

※译文

巨浪滔天的时候，坐在船上的人并不知道害怕，反而是在船外的人感到十分惊恐；在座席间有人狂妄地谩骂，同座的人并不觉得惊警，反而是席外的人感到震惊。

因此，君子即使身陷事中，心智却应该超脱事情之外，这样才能保持头脑清醒。

※评析

“不识庐山真面目，只缘身在此山中。”身在其中的人，视野往往被眼前的景致遮住，无法从大局把握事物的真实面目。因而沉迷于事务之中且太过专注，就容易被局势所左右，失去冷静的思考，从而不能做出很好的判断。专心当然是好事，但专心的同时还要有开阔的视野与聪敏的慧心，才不会让自己深陷事中难以自拔。就像航海的舵手，不仅要有一流的航行技术使航船能够乘风破浪、勇往直前，还要有一双敏锐的眼睛，随时发现灯塔才不至于触礁。人生的航船同样需要一个聪明的舵手，才能在航行中一帆风顺，胜利到达彼岸。

真诚为人　圆转涉世

※原文

作人无点真恳念头，便成个花子，事事皆虚；涉世无段圆活机趣，便是个木人，处处有碍。

※译文

做人如果没有一点诚恳的心，就会变成一无所有的乞丐，做任何事都不踏实；处世如果没有一些圆通灵活的应变能力，就会像个没有生命的木头人，到处都会碰到阻碍。

※评析

诚恳是做人的基本原则，不能诚恳待人的人，到头来“事事皆虚”。因为一个人如果做事不诚恳，就很难得到别人的信任，对方会处处提防你，任你说得天花乱坠、信誓旦旦，也无法取信于人，到头来当然一事无成。

如果以商品贩售来说，真正懂得经营之道的人，会先让顾客感受到自己的诚意；而急于想完成交易赚取利益的营业员，只会一味怂恿顾客消费，完全不替顾客考虑商品是否适用，虽然有不少人因为摆脱不了店员的纠缠而购物，但多数人从此会将这家店列为禁区。而做人除了必须诚恳之外，还必须圆通灵活，这并不是在教人圆滑狡猾，而是要人做事有弹性。

否则，如果都本着僵硬态度来处理事情，会让人觉得不近人情。这样对事情的进展不仅没有帮助，还可能因此到处碰壁。

春风育物　朔雪杀生

※原文

念头宽厚的，如春风煦育，万物遭之而生；念头忌刻的，如朔雪阴凝，万物遭之而死。

※译文

一个心地仁厚的人，就好比温暖和煦的春风化育万物，能让万物充满生机；一个猜忌刻薄的人，就好比凝固阴冷的白雪，能使万物枯萎凋零。

※评析

温暖的春风化育万物，寒冷的冰雪使万物枯萎。为人行事也是如此，一个气度恢宏的人，无论到哪儿都受人欢迎；反之，为人如果心胸褊狭、尖酸刻薄，则会被人当成是难缠的人，大家躲避都唯恐不及，更别说接近他了。人们常用"面恶心善""刀子嘴豆腐心"来形容一个人的心地不坏，只是待人比较严肃，在你我身边随处可见这类拙于表达温情的人，他们必须要经过相处，而且信赖对方时，才会释放出温情。然而，常言道"恶语伤人六月寒"，有时候无心的一句话，往往极具杀伤力。对方还来不及发现原来你有一颗善良无比的"豆腐心"时，就已被"刀子嘴"伤害得遍体鳞伤了，试问，他还愿意再接近你吗？

所以，做人在言谈方面要特别谨慎，千万不可口无遮拦，说出让人痛苦难堪的话。

浑然和气　处世珍宝

※原文

标节义者，必以节义受谤；榜道学者，常因道学招尤。故君子不近恶事，亦不立善名，只浑然和气，才是居身之珍。

※译文

喜欢标榜节义的人，到头来必定会因节义而受人毁谤；喜欢标榜学问道德的人，经常会因为学问道德而招致抨击指责。所以，德才兼备的君子既不接近坏事，也不刻意去树立好名声，而只保留敦厚温和的气质，这才是一个人立身处世的无价之宝。

※评析

一个太过注重虚名的人，人们就会以其日常的举止言行来一一验证他所夸耀的部分，一旦发现有所出入，攻击的声浪就会排山倒海而来。殊不知以己之长而形人之短乃是做人的大忌，于是自我标榜者受人谤议就是必然之事了。所以，喜欢标榜节义或标榜学问道德的人，最后都会因此而招祸。其实，做人应该踏实，千万不可说七分做三分，学问道德毕竟不是靠吹嘘自夸就能得到的，它必须从不断的苦修中累积而成。

如果因为重视虚名而过于浮夸，到头来只会落得欺世盗名的下场。俗话说：真人不露相，露相非真人。真正的君子是不会自我标榜的。

冷眼冷耳　冷情冷心

※原文

冷眼观人，冷耳听语，冷情当感，冷心思理。

※译文

用冷静的目光来观察别人，用冷静的耳朵来听人说话，用冷静的情感来感受事物，用冷静的头脑来思考问题。

※评析

冷眼、冷耳、冷情、冷心，其实无非是让人保持一颗冷静的头脑，对人对事都不要感情用事。因为感情是盲眼的向导，它左右你的思考却很难把你领上正确的道路。有了怒气，你就会粗暴简单；过于兴奋，你就会轻率盲动。常言道“万物静观皆自得”，只有情冷才能心静。热情如火可以给人以生命力和无限温暖，但是冷静如水却更有助于思考精深、判断准确。一个理智的人待人是冷静的，处世是达观的，这样才不会因感情用事冲昏了头脑，而陷入盲目的境地不知所措，做事才能有条不紊。只有冷静处世，身心不受缠绕，人生才能极乐逍遥。

恶不可即就　善不可即亲

※原文

闻恶不可就恶，恐为谗夫泄怒；闻善不可即亲，恐引奸人进身。

※译文

听到别人有了过错，千万不要立刻就起了憎恶的心理，恐怕是颠倒是非的小人为了宣泄心中不满而捏造出来的；听到某人做了善事，也不要立刻就去亲近他，恐怕是奸佞之徒为了进身所制造出来的。

※评析

做人应以理智处世，才能避免因一时不察而成为居心不良者利用的工具。一般人在听到别人有过失的时候，通常都会表现出憎恶的样子，而听到某人有善行，就会立刻产生亲近的念头。但在未能进一步了解内情、做客观判断之前，如果立即产生闻恶厌憎、闻善即亲的反应，往往会使受冤的当事人遭受极大的痛苦，或让小人得逞。

为此，做人不能只听信片面之词，因为道听途说就贸然相信，对任何事都必须多加思考、多加观察，以免使自己犯下识人不察的错误，使小人得意而给无辜的人带来伤害。

退步宽平　清淡悠久

※原文

争先的径路窄，退后一步，自宽平一步；浓艳的滋味短，清淡一分，自悠长一分。

※译文

和人争先抢进的道路是狭窄的，如果能够退后一步，道路自然宽广一步；太过香浓的滋味最容易使人生腻，如果能够清淡一分，滋味反而更历久弥香。

※评析

积极上进原本是件好事，但如果好胜心太强，导致事事强求，则会变成好与人争，如此反而有百害而无一利。因为人与人之间只要存在竞争心理，双方就很难成为朋友，也很难不伤害彼此，争先的径路自然是窄，因此冲突是必然的，结果不是踩着别人往上爬，就是两败俱伤。

当今商场上，同行业之间经常为了竞争生存空间而相互较劲。而人与人之间的纠纷也常起于彼此相争。如果每个人都能保持着“退步宽平，清淡悠久”的人生观，凡事不强求，那么人与人之间就不会有多余的纠纷了，这样也容易营造出双赢的良好局面。

出世在涉世　了心在尽心

※原文

出世之道，即在涉世中，不必绝人以逃世；了心之功，即在尽心内，不必绝欲以灰心。

※译文

远离俗世修炼正果的道理，就在经历世事之中，根本无须离群索居、与世隔绝；领悟心性的功夫，就在竭尽自己的心力之内，根本无须断绝一切欲念来使心寂然不动。

※评析

有些人认为俗世有太多的诱惑，所以修行必须与世隔绝，才能专心致志、修炼成正果。殊不知“大隐隐于市”，真正领悟心性的人，内心澄澈如镜，虽照见外在一切事物，但丝毫不受影响，而在经历世事中修得正果。

有一则故事，叙述一位和尚师父为了怕弟子犯色戒，所以经常对从未见过女人的弟子说“女人都像骷髅般可怕”。弟子对师父的话深信不疑，在他的印象里，“女人”就是极其丑陋、恐怖的代名词。直到有一天，弟子遇上了一个美丽如花的女子，他很好奇为什么这个人和自己所认识的其他人都不一样，后来弟子在得知那即是“女人”后，便喃喃自问道：“为什么她不像骷髅？”

就故事来说，和尚师父是为了断绝弟子可能会对女人产生的遐想，所以刻意丑化女性的形象。然而，这样真的对修行有帮助吗？如果弟子的心性还不坚定，可以让他凡心大动的又岂止是女人；反之，如果弟子已彻见心性，就算面对诸多诱惑也仍能保持寂然不动，根本无须刻意去断绝所有的欲念，不是吗？

在世出世　真空不空

※原文

真空不空，执相非真，破相亦非真，问世尊如何发付？在世出世，徇欲是苦，绝欲亦是苦，听吾侪善自修持！

※译文

能不受任何事物所迷惑而保留一片纯真，并非就能看空一切，执守于外在物相虽然不能得到真理，然而破除物相的迷惑也未必看清事物的本质，请问佛家要如何解释？身在世俗之中要有超俗的修养，舍命以逐物欲固然是一种痛苦，但断绝一切欲念也是一种痛苦，如何应付痛苦只能听凭自己的修为操持。

※评析

只有领悟真理，才能不再执着于外在的物相。但是一般人为了不执着于外在的物相，往往又坠入了虚无的偏空里，如此又违背了真理。所以，不论是偏于空或有，都是违背真理的偏见，都不能达到真理的高度。

对此，佛家所给的答案是“在世而出世”，要人在红尘中努力修身养性来领悟真理。这里不要去考究深奥的佛理，单从为人处世的角度来看，出世和入世之间存在着必然联系，不应绝对化，因此做事不要走极端，应在入世中出世，以出世之心做入世之人。

勿仇小人 勿媚君子

※原文

休与小人仇雠，小人自有对头；休向君子谄媚，君子原无私惠。

※译文

不要和品行低劣的小人结仇，因为小人自有他的冤家对头；不要向品行高尚的君子献殷勤，因为正人君子本来就不会徇私情。

※评析

“多行不义必自毙。”对于那些猖狂的势利小人，我们不必理会。更何况“恶人自有恶人磨”，与小人结仇只会降低自己的身份，同时说明你也高尚不到哪里去。而对于真正的君子，谄媚是取悦于他的最蠢的办法。因为他根本就不在乎浮名和自身利益，你献上的赞美在他看来无关痛痒，并且反而会使他觉得你这样做是别有用心，进而对你的人品产生怀疑。

因此，勿仇小人，勿媚君子。对小人“敬而远之”，即不与之为敌，也不与之合污；君子面前敬而不媚、不卑不亢，保持一个独立的人格，才能得到他们的青睐。

清浊并包　善恶兼容

※原文

持身不可太皎洁，一切污辱垢秽，要茹纳得；与人不可太分明，一切善恶贤愚，要包容得。

※译文

为人处世不要太清高，对所有污秽、屈辱、丑陋的东西都要有胸襟去接受；与人相处不要斤斤计较，对一切善良、凶恶、贤明、愚蠢的人都要理解和包容。

※评析

做人要有雅量，心胸开阔之人能容纳一切荣辱冷暖，这样的人大能治国经世、小则安身立命。心胸狭窄之人，无论在安邦治国，还是在图谋个人发展上，都不可能成大器。持身太皎洁、与人太分明，只顾自己做谦谦君子，却对别人斤斤计较的人，最终不仅不会得到别人的尊重，也终会因自己的心胸狭隘而郁郁寡欢。

世界是五彩斑斓、气象万千的，一种花再美，如果园子里只开这种花，也会显得很单调，只有各具特色的花朵会集在一起，才能织出美丽绚烂的春天。做人也是一样，过于要求完美的人，在个性上已经是不完美的，况且太完美的往往是不真实的。人有一点瑕疵才会显得可爱，毕竟瑕不掩瑜嘛！

宁为小人所毁　勿为君子所容

※原文

宁为小人所忌毁，毋为小人所媚悦；宁为君子所责备，毋为君子所包容。

※译文

宁可受到小人的忌恨和毁谤，也不要被小人的献媚取悦所迷惑；宁可受到君子的苛责和训斥，也不要被君子的宽怀大度所包容。

※评析

被人赞美是非常令人愉快的事，但要看是什么人的赞美；被人批评是十分让人沮丧的事，但要看是什么人的批评。小人的赞美是色彩斑斓的毒草，一旦吃进嘴里就会腐蚀你的身心；恶人的攻击是最好的赞扬，它证明你正直无私，是他们的敌人。君子责备你，是因为他认为你是个好人，对你的期望值很高；而当他对你评价很低时，就不会对你有任何要求和责难，因为在他们看来你能做到这样已经不错了。以甜言蜜语对你的人往往别有所求，来搅是非的人都有是非之心。面对小人的媚悦，他们的企图能否得逞，那就要看你的道行了；面对君子的责难，能否坦然接受，也要看你的德行。

闹中取静　冷处热心

※原文

热闹中着一冷眼，便省许多苦心思；冷落处存一热心，便得许多真趣味。

※译文

热闹繁华中如果能保持一种冷静的思考，就可以省去许多无谓的烦恼。失意落寞时如果能拥有一颗火热的进取心，就可以获得许多真正的乐趣。

※评析

保持清醒的头脑，不失进取的信心，这是一个人能够获取成功、在成功的光环下又不至于迷失自己的法宝。能够懂得这些就可以抛开一些无谓的烦恼，体会生活所带给我们的甜蜜了。

无论身居要职，还是家财万贯，面对上天赐予的一切，保持一个淡然处之的心态是必要的。这样，财富和地位才能保持得长久。如果在繁华世界中迷失了心性，失去了冷静的思考，那么数不清的烦心事就会随之而来，大喜大悲、患得患失、利令智昏、七情六欲、爱憎情仇无时无刻不在侵袭着你脆弱的脑神经。试问，这样的生活还有什么快乐可言？

同样，如果身处人生沼泽、事业低谷，四周一片寒鸦之声，放眼看不到人生的出路，凄凉之中没有人伸出援助之手，失意让人生毫无乐趣，炎凉让寒心雪上加霜。但是，逆境不是绝境，绝处也能逢生。成功者的脚步并不会留在平坦的大路上，永不言弃的精神是人生迈向成功的阶梯。冷落中的拼搏所带来的乐趣是身处热闹处永远体会不到的。

天地之广狭　皆由于自造

※原文

岁月本长，而忙者自促；天地本宽，而鄙者自隘；风花雪月本闲，而劳攘者自冗。

※译文

岁月本来很漫长，忙碌的人却把自己搞得很紧张；天地本来很宽广，短见的人却把自己弄得很狭隘；风花雪月本来是自在的，是庸碌的人自己想得太复杂。

※评析

岁月、天地、风花雪月自是本来面目，有人之所以觉得它们短促、狭隘、烦冗，是因为那些所谓忙者、卑者、劳攘者皆是放不下心者。何心？乃贪心、痴心、嗔心、恋心是也，说到底是一颗私心未泯。世界并没有遮盖起它本来的面目，但它无法阻止你用各种各样的东西遮住眼睛。“一叶障目，不见南山”，手里举着地位、金钱、名誉这些枝枝叶叶把眼睛遮得密不透风，别说南山看不见，即使悬崖火坑也会无法觉察照跳不误。如此怎能明心净性，参透大自然的玄机？若将一颗私心慨然放下，于大千世界无所苛求，自然就会觉得海阔天空、吾心悠悠了！

守口须密　防意须严

※原文

口乃心之门，守口不密，泄尽真机；意乃心之足，防意不严，走尽邪蹊。

※译文

口是心灵的门户，假如防守不严，便会把心中的秘密泄露出去；意念是心灵的双脚，假如意志不坚，就会走到邪路上去。

※评析

“病从口入，祸从口出”，世上有许多事都隐含着机密，做不到守口如瓶，就难免招惹是非；即使是自己心底的秘密也不要轻易向别人提起，自道隐私不是坦白、直率，它会使你和别人陷入尴尬，给双方的生活都造成困扰。

心猿意马，心是很容易躁动的，而意念则是带它驰骋的千里足。如果意志不坚定，就很容易受到诱惑迷失心性，从而误入歧途，越行越远。失去人生的航向，又如何能达到成功的彼岸？

因此，守口如瓶与防意谨严都是人生的必修课，不能心存怠慢，只有打好知识基础，人生的道路才能通达。

非分之福勿信　无故之获慎取

※原文

非分之福，无故之获，非造物之钓饵，即人世之机阱。此处着眼不高，鲜不堕彼术中矣。

※译文

不是自己应该享有的福气，或者无缘无故的意外收获，这些如果不是造物主故意给人布下的诱饵，就是别人处心积虑设下的陷阱。在这种情况下如果不把眼光放得高远一些，很少有不落入对方圈套中的。

※评析

天上掉馅饼的事往往不会发生，即使真掉下来了也是陷阱。不是自己的东西不要奢望，面对意外收获需要三思。设陷者都深谙“欲取之，先予之”的道理，先给你点甜头，接下来便是毒药了。即使是偶尔获得的意外惊喜，也同样会给你的生活埋下祸根，守株待兔的教训还少吗？明智的人不会受到眼前小利的诱惑，即使真的无意间等到了兔子，也不会去整天守在树旁而荒废自己的田地。因为他们明白什么事该做，什么事做了也不会有好处。

眼界越高、视野越宽，对陷阱的位置就掌握得越清楚，越能够从容躲避。不存非分之想，便能泰然处世，进而安然于世。

须冷眼观物　勿轻动刚肠

※原文

君子宜净拭冷眼，慎勿轻动刚肠。

※译文

君子应该以冷静的态度来看待事物，切忌感情用事而表现出刚直的个性。

※评析

智慧的人随时都能擦亮双眼，看透事物的因果，以冷静的态度来处理棘手的问题；刚直的人则喜欢直来直去，遇事容易头脑发热，冲动之下往往失去理智，损人害己。当然，人在受到侵犯时最难做到冷静，此时眼易红、头易热，看问题就容易出现偏差，思想就容易偏激，往往会由轻动刚肠到大动干戈，将局面弄得不可收拾。

然而，净拭冷眼、勿动刚肠并非一朝一夕之功，是需要在生活的磨砺中逐渐培养的。在日常生活、为人处世时要讲究方法，坦诚待人当然是好的，但热情过度，往往造成主观愿望与客观效果相悖。更何况，世事纷纭、人情难辨，说话之前，须先咽回肚里，三思而后言。行动之时，须先退而向隅，三思而后行。

戒疏于虑　警伤于察

※原文

害人之心不可有，防人之心不可无，此戒疏于虑也；宁受人之欺，勿逆人之诈，此警惕于察也。二语并存，精明而浑厚矣。

※译文

不可以抱有伤害他人的念头，也不能缺少提防别人伤害的心思，这是用来告诫那些疏于防范、思虑不周的人的；宁可忍受别人的欺骗，也不要去猜度别人的机诈用心，这是用来提醒那些谨小慎微、过分警觉的人的。与人相处如果能同时把握好这两句话，才算得上是精明而又不失敦厚了。

※评析

心无城府、思想过于单纯的人，总是把别人想得太好，这样就会使自己的思想变得迂腐，自身的利益常常会受到损失，这时善良已经变为愚蠢。而心机太重的人，总是把别人想得太坏，心灵的堤坝筑得太高，就会在挡住欺骗的同时也挡住发现真善美的视线，把友情也拒之门外了。做什么事情都需有一个度，否则过犹不及。

如果能将“害人之心不可有，防人之心不可无”和“宁受人之欺，勿逆人之诈”这两句话合而为一、相辅相成，就能使人精明、思虑周到、世事调和。这才是人情练达又不失敦厚的表现。

却私扶公　修身种德

※原文

市私恩，不如扶公议；结新知，不如敦旧好；立荣名，不如种隐德；尚奇节，不如谨庸行。

※译文

以小恩惠来收买人心，不如服务社会以赢得公众好评；结交许多新朋友，不如加深与老朋友之间的友谊；标榜荣誉和虚名，不如暗中行善积德；追求与众不同的节操，不如严谨自己平时的言行。

※评析

市私恩，不过是为了通过小恩小惠来收买人心，希冀通过受恩者传送自己的好名声或者为自己服务。然而有人得到恩惠，必然会有更多的人没有得到。没有得到的人又会做何感想呢？厚此薄彼往往会让人陷入尴尬甚至危险的境地。倒不如用一颗光明磊落、大公无私之心服务大众，反而会得到意想不到的好评。

结新知，无非是为了使自己适应新环境或者给生活带来新的惊喜。朋友多了路就多，然而，你能够断定每一条开发的新路上都没有荆棘、没有陷阱吗？何不用你在陌生道路上摸索的时间，回到那条熟悉的老路上拔一拔因为许久不走而生出的草呢？

立荣名，也许是为了受到更多人的景仰。不管它是否有什么实际的价值，但至少可以满足自己的虚荣心。毕竟一个好名声是每个人都希望得到的。然而，虚浮的东西很快就会消失，如果只有一个华丽的外表而没有高尚的品德支撑，再宏伟的雕像终会有倒塌的一天。

尚奇节，可能会让凡夫俗子另眼相看，让自己变得与众不同。如同鹤立鸡群，群鸡开始可能会以好奇的目光、仰视的姿态来注视你。但时间久了，新鲜感消失了，你也不再神秘，这时就会被当作异类而时时受到排挤了。谨守自己的本分，做好自己该做的，品行高尚同样可以获得人们的尊敬！

舍己毋处疑　施恩勿望报

※原文

舍己毋处其疑，处其疑，即所舍之志多愧矣；施人毋责其报，责其报，并所施之心俱非矣。

※译文

既然要舍己为人做出自我牺牲，就不要犹豫不决，犹豫不决就会使那种自我牺牲的精神大打折扣；既然给了别人施舍与恩惠，就不能奢求获得回报，奢求回报就会使这份乐善好施的心变质。

※评析

舍己为人和乐善好施都是人间的美德，只是如果在这美德中添加了私心就会完全变质。如果舍己为人时犹豫不决，那么这也就在表明你是多么地自私。施予别人恩惠可以表明你的乐善好施，但若求人回报，这种施舍正好证明了你的世故和斤斤计较。真正的奉献精神，是不计个人得失的。斤斤计较的善举是做作的、矫揉的、打了折扣的。

要真正做到舍己为人、乐善好施并不容易，这些都需要平日的修省做基础，排除私心杂念，忘掉虚名荣誉。持一颗博爱之心默默地去奉献，不需要赞美，不希求回报，“桃李不言，下自成蹊”。

隐逸忘荣辱　道义无炎凉

※原文

隐逸林中无荣辱，道义路上无炎凉。

※译文

隐逸山林之中，没有荣耀和耻辱之感；讲究仁义道德，就没有人情冷暖之分。

※评析

隐者无名，正因为他们不争名，才能抛开世间荣辱，落得一身轻松；义士无利，正因为他们不争利，才能忘却世态炎凉，换来两袖清风。道家提倡出世，隐者已经完全摆脱了世俗的是非观念，世俗之人所谓的荣辱于他们而言不过镜花水月；儒家提倡入世，义士在道义路上就要恩怨分明，既然手持公道、心怀正义，就不能顾及人情冷暖。

根据中国人儒道合一的传统，不难看出这是在教人们用一颗隐逸之心去面对人生路上的冷暖无常，既无荣辱，何来炎凉。存道义之心、无荣辱之感，才能成为一个情操高尚的人。

庸德庸行　平安和顺

※原文

阴谋怪习，异行奇能，俱是涉世的祸胎。只一个庸德庸行，便可以完混沌而招和平。

※译文

阴谋诡计怪癖恶习，特立独行奇能怪技，这些都是涉身处世的祸根；只要谨守一般的道德准则和言行规范，持平常心做平凡人，就可以保持淳朴自然的心神，从而获得长久的平安和顺。

※评析

社会是一个大家庭，维持它和平的方式是保持圆融平衡。人类是一种群居而排外的动物，行为怪异、个性偏激的人不仅不会得到大家的青睐，甚至还会为自己带来灾难。为人处世贵在平淡，那种无谓的奇谈怪论、阴谋怪习是不足取的、惹人讨厌的；博而不精的人反而最适于生活，因为“博”能使他们视野开阔，“不精”能使他们更加合群，虽然什么都不精却也什么都不缺。

即使你确有异于常人的非凡才能，也要保持一种平常的心态与平凡的处世态度，这样才能保持自己的生活以及别人的生活不受到威胁，才能保持社会的稳定和人与人的和平共处。

谗毁如寸云　媚阿似隙风

※原文

谗夫毁士，如寸云蔽日，不久自明；媚子阿人，似隙风侵肌，不觉其损。

※译文

造谣生事诋毁诽谤他人，就像一片薄云遮住了太阳，不久之后太阳就会重现光芒；逢迎谄媚阿谀奉承他人，就像从缝隙吹来的邪风侵袭肌骨，人们不会感觉到它的伤害。

※评析

不必去在意小人对你的诋毁，清者自清，乌云蔽日只是暂时的，而云开雾散后的阳光反而会更加灿烂；一定要小心小人的甜言蜜语，糖吃多了会有蛀牙，最后痛的是自己，而小人的谄媚之词又岂止是蛀牙的蜜糖？那是妖艳的罂粟花，会让你着迷、沉沦、丧命！一意恭维会在不知不觉中把你推进骄傲自满的陷阱，被偏见、粗鲁和傲慢所侵蚀、淹没。人贵有自知之明，要自知，就必须赶走献媚者，这样正直的朋友才会来到你身边；也只有自知，才能不为诋毁而苦恼、不为谄媚所蛊惑！

过归己任　功让他人

※原文

当与人同过，不当与人同功，同功则相忌；可与人共患难，不可与人共安乐，安乐则相仇。

※译文

应该和别人一起承担过失，而不应和别人共同分享功劳，如果共享功劳就会使彼此产生猜忌；可以和别人共同走过艰难岁月，而不应和别人一起享受安逸生活，如果共享安逸就会使彼此互相仇视。

※评析

明智的人，与人分担过错，却不与人争功。因为他们明白“同功则相忌”“安乐则相仇”的道理。有难同当，有福礼让，推功及人，明哲保身的做法是高明的，既能流芳千古，又得逍遥自在。相反，就会祸及其身、大难临头。

在现实生活中也是一样，与人共担责任就能获得别人的好感与信任，而不共享成果则会与人相安无事，免去不必要的烦恼。

路要让一步　味须减三分

※原文

径路窄处，留一步与人行；滋味浓的，减三分让人尝。此是涉世一极安乐法。

※译文

在狭窄的小路上行走时，要留一点余地让别人通行；在享用美味可口的食物时，要分一些给别人品尝。这就是一个人立身处世求取安乐的最佳方法。

※评析

做事不留余地的人，眼前看起来虽然占尽了便宜，事实上却是最大的输家。例如在团体之中，如果一味突显个人表现，不顾团队绩效，结果必然会招致众怒而遭到孤立。享用美味可口的食物时也一样，绝对不能自私地独享美食，如果这么做，日后别人会以其人之道还治其人之身。只顾眼前利益的人，必然是短视的。

老子说过：夫唯不争，故天下莫能与之争。所以，凡事都应该留有余地，还要懂得与人分享，这是获得安乐的无上法门。

侠义交友　真心做人

※原文

交友须带三分侠气，做人要存一点素心。

※译文

与朋友相交必须带有三分济人之急的义气，而做人处世应该保有一颗赤子之心。

※评析

“讲义气”是与朋友相交所应具备的基本条件，它的具体表现就是患难相助。人在一生当中认识的人很多，有的只是点头之交，有的则成为一辈子的朋友。友谊之所以能够长存，绝不是建立在饮宴谈笑的交际应酬上，而是因为在患难相助中积累了深厚的情谊。“朋友”是除了家人之外，影响自己最深的人，正所谓“近朱者赤，近墨者黑”，择友也是人生大事，不能盲目，更不能滥交。

但现代人讲求速度，就连交朋友也不例外，这点从网络交友大行其道可见一斑，然而如未真诚以待，这种虚拟的情谊又能维持多久呢？

退即是进　与即是得

※原文

处世让一步为高，退步即进步的张本；待人宽一分是福，利人实利己的根基。

※译文

为人处世懂得谦让容忍才是高明的做法，因为让一步是为日后进一步预留余地；而待人接物态度宽容者就是有福之人，因为与人方便是为自己日后留下方便的基础。

※评析

俗话说：“言不说尽，人不做绝。”人活在世上，除非你选择离群索居，远隔红尘三千里，否则不可避免地要与别人相处共事。为此，如何维系良好的人际关系一直都是做人处世的重要课题。人与人之间为什么会结下难解的仇怨，很多情况下都是自绝后路造成的，也就是与人产生摩擦时把话说绝、把事做绝了。如此不留余地，双方关系当然会陷入无法收拾的地步。

其实，人际关系实则是利益关系，为人处世只要懂得谦让容忍、宽大为怀，凡事多为他人设想，不着眼于私利，能做到这样就算及格了。

攻人毋太严　教人毋过高

※原文

攻人之恶，毋太严，要思其堪受；教人以善，毋过高，当使其可从。

※译文

责备别人的过错时，不要太过严厉苛刻，要考虑对方是否能够接受；而教诲别人行善，也不要期望过高，要顾及对方是否能做得到。

※评析

常言道“得饶人处且饶人”，人人都有尊严，任何人都没有权利去践踏别人的尊严。如果仗着自己有理，就严厉地去苛责别人的过错，完全不顾及对方是否可以接受，只会让人觉得你不近人情、得理不饶人，这样不仅达不到预期效果，还会适得其反；至于教人行善，如果期望过高只会让人倍感压力、手足无措，这样一来将使导人向善的美意大打折扣。

总而言之，无论是责人之过还是教人之善，都必须站在对方的立场上设想，推己及人，要在其可以接受的范围内去指正过失、教人行善，否则过犹不及，只会白费苦心。

对小人不恶　待君子有礼

※原文

待小人，不难于严，而难于不恶；待君子，不难于恭，而难于有礼。

※译文

对待品行不端的小人，要做到严厉苛刻并不难，难在不憎恨；对待品格高洁的君子，要做到尊敬他们并不难，难在适当地遵守礼节，没有过与不及的态度。

※评析

恶小人而重君子，乃是人之常情。当有不法之事发生时，一般人多半会将矛头指向犯有前科或品行不端的人，然而在没有真凭实据之前，这样的假设对人伤害极深。大部分的人都做不到“对事不对人”，所以会因憎恨某人的品行不端，而将过失归罪于他。其实人性向善，谁都不愿犯下过失，故不能因为对方曾经犯错，就认定所有恶事均是他所为。

而如果别人确有过失，我们应该就事论事地训诫，不要人身攻击。此外，对于有修养的君子，任何人都会予以尊敬，这固然是应有的礼貌，但如果表现得过于谦卑，就不合乎节度而显得阿谀谄媚了。

忘功不忘过 忘怨不忘恩

※原文

我有功于人不可念，而过则不可不念；人有恩于我不可忘，而怨则不可不忘。

※译文

我对别人有过恩惠时，不会经常挂在嘴上或记在心头，但如果是做了对不起别人的事，就得时时放在心上反思；别人对我有过帮助时要记在心里不能忘怀，而别人对我有过失则应该立刻忘掉。

※评析

做人要懂得饮水思源，为人一生，总会或多或少地受到别人的帮助。受人点滴，当涌泉相报，不可忘记别人对自己的恩惠。然而一般人总是不善于怀恩，往往时过境迁就将一切抛在脑后。但是，当别人做了什么对不起自己的事时，人们却又容易记仇，一辈子挂记心中，时时拿来提醒自己。

所以，如果两人争吵，最常听到的是互相数落对方曾经如何对不起自己，而自己又曾给予对方多少好处等对话。其实，做人如果能“忘功不忘过，忘怨不忘恩”，除了能培养谦和的胸襟之外，最重要的是能减少与人发生冲突。

无求之施斗粟万钟 有求之施百镒无功

※原文

施恩者，内不见己，外不见人，则斗粟可当万钟之惠；利物者，计己之施，责人之报，虽百镒难成一文之功。

※译文

施加恩惠于人，不可以时常记在心里，更不可以对人张扬，如此即使付出极少，也可以收到极丰的回报；用物品帮助别人，如果计较着自己的付出，还要求别人回报，这样即使付出很多，也难以成就一点功德。

※评析

真正发自内心的施舍，绝对不会存有希望对方回报的念头。如果施恩还望回报，便失去了行善的意义。很多所谓的慈善家，每年都捐出为数可观的救济金或物品，并通过媒体大肆宣扬其善行义举，拍了一张又一张与受赠者的合照。如此行善有意义吗？虽然他们的捐赠确实改善了贫困者的生活环境，但因为行善俨然成为其沽名钓誉的工具，所以毫无意义可言。

真正的行善必须出自一片至诚，是发自内心同情对方的处境，且能同情对方的不堪。行善而能不张扬，不仅是一种美德，更是对受助者的一种尊重。能够这样，即使是一饭之恩，也能让受助者感到无比温暖。

忠恕待人　养德远害

※原文

不责人小过，不发人阴私，不念人旧恶。三者可以养德，亦可以远害。

※译文

不要责备他人所犯下的轻微过错，也不要去揭露他人的隐私，更不要记恨别人以往的过失，能够做到这三点，不但可以培养良好的品德，也能够避免遭受意外的灾祸。

※评析

俗话说："仙人打鼓有时错，脚步踏错谁人无。"无论是谁都会犯错，当别人犯下轻微过失时，我们要以沟通取代责备，而在提出自己看法的时候，不要妄加任何批评对方做法不当的用语。

否则，如果对方是深交的朋友，对于你的责备，对方或许不会放在心上；如果只是寻常朋友，就很难不引起对方的不满。另外，揭人隐私向来就是最要不得的行为，如果又是刻意为之，就更加不道德。试想，如果是自己的隐私被人揭发，你能不痛苦、不愤怒吗？

至于不念旧恶，也是做人的基本原则之一，别人曾经犯下的过失既已成为过去，再不断提起又有何益？这么做只会伤及彼此的感情，徒增他人的反感罢了。

德怨两忘　恩仇俱泯

※原文

怨因德彰，故使人德我，不若德怨之两忘；仇因恩立，故使人知恩，不若恩仇之俱泯。

※译文

怨恨往往会因为善行而更加明显，所以与其行善让人感恩于我，不如让人将恩德、仇恨两者都忘记；仇恨往往都是由于恩惠才产生的，可见与其施恩而寄望别人感恩，不如让人将恩惠与仇恨两者都彻底遗忘。

※评析

一个人立身处世，很难做到面面俱到，施恩于人固然会让人感念自己的恩德，但也可能由此招致其他人的怨恨。因为人情总是不平、人心也不尽相同，一个人的善举未必都可获得大家的肯定。

所以，要不想招致他人的怨恨，又无愧于自己的良心，最好的办法就是即使施恩于人，也不让他人感恩，不希求回报。换言之，不要将毁誉放在心上，为人处世只要仰不愧于天，俯不怍于地，就大可不必理会旁人的议论，进而从容面对褒贬毁誉。

直躬不畏人忌　无恶不惧人毁

※原文

曲意而使人喜，不若直躬而使人忌；无善而致人誉，不若无恶而致人毁。

※译文

一个人与其违背自己的意愿而千方百计去博得别人的欢心，还不如行为正直而遭到小人的嫉恨；一个人与其没有善行而受人称赞，还不如没有恶行而遭受小人的诋毁。

※评析

人人生来平等，所以与人共处时，没有理由对别人颐指气使，更没有必要千方百计地去奉承他人。一个人会畏首畏尾地讨人欢心，无非是有求于人——只是自己所求之事，难道无法以正道得之吗？在泛特权化的今天，许多人都认为有关系好办事，在工作场合中，具有影响力的高层管理者身边总是围着一些人，而那些人揣测上司的时间和精力远远超过工作本身，将奉承上司视为晋升的跳板。

其实，做人做事必须光明磊落，何必为了一点好处或满足虚荣心而践踏自己的尊严与人格！即便能如愿得到自己所欲求的权位或虚名，看到别人那副鄙视的眼神，难道不心虚吗？

爱重反为仇　薄极反成喜

※原文

千金难结一时之欢，一饭竟致终身之感。盖爱重反为仇，薄极反成喜也。

※译文

人与人之间的相处，即使以千金相结交，有时也难打动对方的心，而一碗饭的救济，有时却能让人终身感念不忘。所以说，恩爱太重，可能反为人所仇视，倒是一些菲薄但及时恰当的小恩惠，能使受惠者欢喜感激。

※评析

俗话说“有钱能使鬼推磨”，但钱并非万能，有很多东西无法用金钱买到。例如，人与人之间的相处如不投机，即使用千金来笼络，也未必能打动对方；相反，在人穷困的时候雪中送炭，即使仅是一饭之恩，却让人终身感念难忘，所谓千金难结富人一时之欢，一饭竟致穷人终生之感。

所以，有很多东西并非建立在物质条件上，尤其是关怀与爱，就像父母养育子女，或子女奉养父母，若以为提供充裕的物质就足够了的话，那跟对待动物有何差异？

换言之，关怀与爱是无法替代的，所以，与其给人优厚的物质条件，还不如给予适时的关爱。

毋偏信自任　毋自满嫉人

※原文

毋偏信而为奸所欺，毋自任而为气所使；毋以己之长而形人之短，毋因己之拙而忌人之能。

※译文

人不能只听信片面之词而被一些奸诈小人所欺骗，也不能过度自信而为意气所驱使；更不要仗着自己的长处去比他人的短处，也不要因为自己不灵巧就去嫉妒别人的才能。

※评析

除了立场不同可能造成人与人之间的对立外，原本志同道合的朋友因为误会而渐行渐远者也不在少数。可叹的是，人往往宁可选择相信传言、谗言，却缺乏探究真伪的勇气，或许这正是源自于对人性的不信任吧！再者，一个充满自信的人确实极具吸引力，但如果自信过了头，自以为无所不能，则容易变得目中无人，更会因为输不起而意气用事。还有些人喜欢贬低或嫉妒他人，这种借由否定他人来肯定自己的行为，事实上就是自卑的表现。

上述人性中的偏信、自傲、贬抑、嫉妒等劣根性，每个人或多或少都具备，而当一个人的劣根性大于人性中的善良面时，则所思所见的一切都将变得丑陋不堪。

毋以短攻短　毋以顽济顽

※原文

人之短处，要曲为弥缝，如暴而扬之，是以短攻短；人有顽固，要善为化诲，如忿而疾之，是以顽济顽。

※译文

对于别人的短处，要委婉地去为他修补或掩饰，如果故意揭发张扬，就是在用自己的短处来攻击别人的短处；对于别人的泥古不化，要设法诱导启发他，如果因此生气厌恶，不仅无法改变对方，还相当于用自己的固执来强化别人的固执。

※评析

常言道："说人是非者，便是是非人。"在背后说人是非，行径无异于暗箭伤人。做人应当本着隐恶扬善的态度，不要妄议他人的长短。尤其一般人在揭发他人短处时，多少又会加上自己的批评，当攻击某个人的耳语辗转经人转述后，到最后会变得更加不堪！任何人都不希望自己的短处被人拿去到处宣扬，成为别人茶余饭后的话题，但有人就是不懂得将心比心，完全不顾及流言对当事人的伤害，还得意扬扬于自己的消息灵通。不过，喜欢道人是非者，往往自食恶果，会因此遭受别人的轻视与提防，进而变成别人排挤的对象。

所以，做人还是应该厚道些，可以多赞扬别人的长处，至于人家的缺点，就不必大肆宣扬了。

对阴险者勿推心　遇高傲者勿多口

※原文

遇沉沉不语之士，且莫输心；见悻悻自好之人，应须防口。

※译文

如果遇到一个表情阴沉又不喜欢说话的人，千万不要急着和他坦诚相交；如果遇到态度傲慢又自以为是的人，就要谨言慎行并小心说话。

※评析

人立身于社会，不可避免地要与他人接触。但人性有善有恶，谁都无法保证自己终其一生只会遇上好人。所以与人往来，在对对方的为人品行还不甚了解的时候，就必须处处多加提防，以免误将心地险恶的歹徒当成可以坦诚相交的朋友，以致深受其害而悔不当初。作者在此提出"遇沉沉不语之士，且莫输心；见悻悻自好之人，应须防口"的建议，原因在于一个表情冷酷而沉默寡言的人，其城府深不可测，虽然未必是坏人，但也难保日后他不会拿你说过的话来对付你；而对于高傲且自以为是的人，也必须多存些戒心才是。

总之，如何让自己在与人往来时不遇挫折，观人之术或许有助于做出恰当的判断，但准确与否就有赖个人的智慧与人生阅历了。

亲善防谗　除恶守密

※原文

善人未能急亲，不宜颂扬，恐来谗谮之奸；恶人未能轻去，不宜先发，恐遭媒孽之祸。

※译文

与好人结交，不要急着和他亲近，也不必事先宣扬他的美德，以免招来坏人的嫉妒和诬蔑；要想摆脱一个心地险恶的人，绝对不可以草率行事随便地打发他走，以免遭受到报复或陷害等灾祸。

※评析

就像名胜之地吸引人潮一样，美好的事物总是让人无法拒绝。同样，喜欢亲近才德兼备的善人也是人之常情。不过，有时自己认定对方优秀，其他人未必认同；或者当自己大肆宣扬结识某位了不起的人物时，有时也会招惹他人的嫉妒。所以，与人往来应该本着“君子之交淡如水”的态度，在平淡中建立深厚的友情。此外，有句话说“宁与君子交恶，也不得罪小人”，君子行事磊落，不会暗箭伤人，若一旦得罪了小人，对方一定会伺机报复。

所以，做人做事除了要问心无愧外，尤其在涉及为人处事方面更须考虑周详，以免招致意想不到的灾祸。

穷寇勿追　投鼠忌器

※原文

锄奸杜倖，要放他一条去路。若使之一无所容，譬如塞鼠穴者，一切去路都塞尽，则一切好物俱咬破矣。

※译文

要想铲除杜绝那些邪恶投机的人，有时候应该留一条改过自新的生路给他。如果逼得他们走投无路，那就如同堵塞老鼠洞一样，虽然把老鼠的通路全堵断了，但老鼠会咬坏所有妨碍它逃跑的东西。

※评析

俗话说“狗急跳墙，人急造反”，当一个人被逼得走投无路时，没有什么事是做不出来的。邪恶投机的人大家都厌恶，但人性都有光明的一面，只要循循善诱，一般都能让犯错者迷途知返，又何必要赶尽杀绝，不留余地给别人呢？我们的社会充满温情，同时又相当冷漠，最常见的情况是：许多受刑人出狱后，还得继续面对社会的惩罚，不但工作没着落，还遭人白眼，于是有许多人选择走回头路，抱着大不了一死的想法再涉足不法勾当。一旦再次失足被捕时，人们仍会不忘奚落，说“江山易改，本性难移”“早知道他不是真心悔过”……

果真如此吗？是否想过有多少受刑出狱的人决心改过自新，但却不为社会大众所接受，使得他们在自新之路上举步维艰，几乎无处容身？结果当他们再次豁出性命重去犯案，社会也必然要承受更加惨重的成本和代价！

警世救人　功德无量

※原文

士君子，贫不能济物者，遇人痴迷处，出一言提醒之，遇人急难处，出一言解救之，亦是无量功德。

※译文

一个有才学又有品德的人，虽然贫穷而无法用物资救助他人，可是当别人执迷不悟时，却能够从旁提醒他领悟，当别人处于危急困难中时，能说句公道话来解救，这也算是种下大善根了。

※评析

帮助人的方式很多，并非只限于有形的金钱和物资。一般人都认为生活贫困的人才需要救助，因为物质乃是人类的基本需求。然而有些人不愁吃穿，但景况却形同饥民般危急。他们的障碍是来自心理层面，可能理性正受到蒙蔽，而其偏执的想法让自己陷于险境，有身败名裂的危险。此时，如果有人从旁点醒，指引他从迷境中找到出路，这样的功德不比物资的救助作用小。

换言之，提到帮助人，一般人会直觉地考虑自己的经济能力，但并非拥有丰厚物质条件的人才有能力帮助人。事实上，在很多时候，别人需要的也不一定是物质上的资助，而是出于真心的关怀，那种爱与温暖足以鼓舞人重振挑战现实的勇气。

谨慎至微　施恩不报

※原文

谨德须谨于至微之事，施恩务施于不报之人。

※译文

要想敦品励行，就必须从最小的事情做起；要想施予别人恩惠，应该帮助那些根本无力回报的人。

※评析

观察人要从小事情来看，因为“从小可以见大”，一个人如果连最基本的本分都做不好，更遑论做好其他事情了。

在一次朋友的婚宴上，同桌的人中有一位女士，她“抢食”的行径令人大开眼界。那位女士在第一道菜上桌后不久，即向服务生索讨数个塑料袋，第二道菜上桌后，不等每个人都取用，也没问过大家是否都不用了，就拿起盘子，将菜全倒入袋中。大家看了不觉一惊，但看她镇定自若的神态，同桌中有人便猜测，可能她得先走，所以先行打包。但事实并非如此，接着第三道菜、第四道菜……她顶多等菜转过一圈，就马上起身打包。不一会儿，她的座椅下已经堆满了一袋又一袋的美食。

敦品励行必须要从细微的小事情上下功夫才行，如果在每一个细微处都能谨守理法，这个人肯定不会是个失礼的人。至于要帮助人，就要选择最需要帮助的人才有意义。如果对方不是那么迫切需要，我们的好意有时反而会造成别人的压力。

律己宜严　待人宜宽

※原文

人之过误宜恕，而在己则不可恕；己之困辱宜忍，而在人则不可忍。

※译文

别人有过失和错误应该多加宽恕，可是如果是自己有过失就不可以原谅；自己遇到困境和屈辱时应当尽量忍受，但如果是别人遭到屈辱就要设法为他解决。

※评析

所谓"严于律己，宽以待人"，中国人历来讲究恕道，恕是宽容、原谅的意思。之所以要多加宽容别人的过失和错误，为的是给人自新的机会；而待己之所以要严格，为的是不让自己产生苟且的心态而一错再错。人与人之间之所以纷争不断，有很多的原因来自于人们不会设身处地为对方设想。换言之，大部分人都对自己采取宽容的态度，对别人却要求严格。如果每个人都能奉行"严于律己，宽以待人"这句格言，相信人与人之间的纷争一定会大为减少，社会也能多点温情。

此外，如果人们能要求自己做到"忍人所不能忍"，在遇到困境和屈辱时尽量忍受，而少一点埋怨和责备，不仅可以磨炼自己的心性，得来的幸福也会更为长久。

刻则失善人　滥则招恶友

※原文

用人不宜刻，刻则思效者去；交友不宜滥，滥则贡谀者来。

※译文

用人不可过于苛刻，否则那些有心效力的人便会纷纷离去；交朋友不可过于浮滥，否则那些善于逢迎谄媚的人将会设法接近你。

※评析

"刻则失善人，滥则招恶友"是立身处世、成就事业不可不牢记在心的箴言。与人相处的分寸该如何拿捏的确不容易，只是如果希望别人怎么待你，自己就必须先怎样待人。例如，企业经营者如果希望员工对公司尽心尽力，就必须给予员工合理的报酬。如果员工为公司创造利润却得不到任何奖励，反而以缩减员工福利来增加利润，那么员工即使没有纷纷离去，也会以怠工等方式来自行平衡所付出劳动与薪酬间的差距。得不偿失的终究是企业经营者本身，所以说"刻则失善人"。

此外，结交朋友不可浮滥，要有选择、有取舍，否则交友不慎，吃亏的始终是自己。

责人宜宽　责己宜苛

※原文

责人者，原无过于有过之中，则情平；责己者，求有过于无过之内，则德进。

※译文

要求别人的原则是，要像对待没有过错的人一样来宽恕有过错的人，这样才会使犯错的人在心平气和中自我反省；要求自己的原则是，要像有了过失一样来责求无过失的自己，这样才能使自己的品德进步。

※评析

常言道："见人之过易，见己之过难。"每个人都难免犯错，只是我们往往对自己采取了宽容或视而不见的态度，而对别人则过于认真严苛，完全忘记了"严于律己，宽以待人"的做人准则。当我们发现他人犯错时，应设身处地为他人着想，以宽容之心予以看待、劝导，使之不再犯即可，切勿责之过严，以致对方心生怨恨，那就有违我们规劝他人的初衷了。而看待自己则应力求严谨，正因为一个人要觉察自己的过失比较困难，因此更应时时谨慎。如此，自己的品德修养和人格塑造才能得到提升。

勿逞所长以形人之短　勿恃所有以凌人之贫

※原文

天贤一人，以诲众人之愚，而世反逞所长，以形人之短；天富一人，以济众人之困，而世反挟所有，以凌人之贫。真天之戮民哉！

※译文

上天赐予一个人聪明才智，是为了让他来教诲众人的愚昧，可世人却用来卖弄自己的长处以突显别人的不足；上天赐予一个人财富，是为了让他来救助众人的贫困，可世人却依仗自己的财富以欺凌穷苦的人。这些人真是上天的罪民啊！

※评析

智者的才华，是用来教化世人，使他们摆脱愚昧的，而不是拿来炫耀的。一个人如果天资聪颖，那是他的幸运，而如果他拿自己的幸运去嘲笑别人的不幸，那从人格上说他自己首先已经变得很低劣、很不幸了。

同样，一个人如果拥有了丰厚的资产，就应该拿出一些做点儿善事，这样能得到别人的尊敬，财源也不会枯竭，而那些为富不仁的人却因为他们的财富而趾高气扬、为所欲为。富有应该使人慷慨，但事实上有钱的人反倒比穷光蛋更吝啬。损不足而增有余，这是社会规律的悖逆，不义之财终难长久。社会总有自己的法则去惩罚那些恃才（财）傲物的人。

忘恩报怨　刻薄之尤

※原文

受人之恩，虽深不报，怨则浅亦报之；闻人之恶，虽隐不疑，善则显亦疑之。此刻之极，薄之尤也，宜切戒之。

※译文

接受了别人的恩惠，虽然这恩惠很大却不知回报，而对别人只要有一点怨恨，即使再小也要进行报复；听到别人做了坏事，虽然模糊不清却深信不疑，而如果听到别人做了好事，即使再显而易见也疑而不信。这种行为已经刻薄到了极点，一定要加以戒除。

※评析

做人要厚道，“受人滴水之恩，当涌泉相报”，“宁教天下人负我，莫教我负天下人”，如此才是高尚伟大的。而那些狭隘自私之人的心理是阴暗的，他们看不到别人对自己的好，更看不到别人身上的优点。对于仇怨，他们会睚眦必报，对于别人的小毛病、小错误，他们也会咬定不放，并且大肆宣扬。所谓“好事不出门，坏事传千里”，喜欢扬恶隐善的人，大抵都是此类自私空虚之人，他们以此来贬低别人，以求在心理上获得满足。“隐恶扬善”需要的是一种坦荡理智的胸怀，所有的自私狭隘都是不成熟的表现，一定不要放纵任其发展。

戒高绝之行　忌褊急之衷

※原文

山之高峻处无木，而溪谷回环则草木丛生；水之湍急处无鱼，而渊潭停蓄则鱼鳖聚集。此高绝之行，偏急之衷，君子重有戒焉。

※译文

山峰的奇高险峻之处往往不会生长树木，而河谷的蜿蜒回环之处却会草木茂盛；水流湍急的地方没有鱼虾出没，而深潭平静的地方才是鱼鳖的汇集之地。这说明，过度清高孤傲的行为，以及狭隘偏激的心理，对君子而言是应该特别引以为戒的。

※评析

品行高洁是一种可贵的品质，只不过不能太孤傲，阳春白雪虽雅，但却曲高和寡。品行太高的人，总是需要人们去仰视，这样实在太累，大多数的人还是希望和与自己才德相仿的人交往。高尚的品德只有与谦和的言行结合才能成为一种力量，如果附着在特立独行的险峰上，人们只有望而却步。水至清则无鱼，水湍急同样无鱼，容不得瑕疵和过于偏激的人，都不会有容人之量，而无容人之量的人同样不会有高深的造诣和渊博的知识。只有沉静宽广的心胸，才能包罗万象、深不可测。

诚心和气陶冶暴恶　名义气节激砺邪曲

※原文

遇欺诈之人，以诚心感动之；遇暴戾之人，以和气薰蒸之；遇倾邪私曲之人，以名义气节激励之。天下无不入我陶冶中矣。

※译文

遇到狡猾奸诈的人，就用诚挚之心去感动他；遇到残暴凶狠的人，就用平和心态来感染他；遇到奸邪自私的人，就用名节道义来激励他。那么，天下的人就没有不被我感化的了。

※评析

能独善其身、洁身自爱的人是高贵的，而能以诚心感动奸邪、以和气融化暴戾、以气节消散邪恶的人才是高尚的。“人之初，性本善”这句话听来迂腐，却饱含着无限的宽容，它告诉你人是生而平等的。恶人并不是生来就恶的，他们的心中不是没有善，只是它已沉睡，需要别人用善行去唤醒。

世人应该怀有一颗博爱之心，以诚待人、以德服人，能以真诚之心去感化邪恶总比动用冷酷的法律武器来得温情智慧。因为温暖的阳光要比肆虐的狂风更容易让人微笑，而我们的世界需要更多的爱和微笑。

愈旧宜愈新　愈隐当愈显

※原文

遇故旧之交，意气要愈新；处隐微之事，心迹宜愈显；待衰朽之人，恩礼当愈隆。

※译文

碰到许久不见的老朋友，情意要更加真诚亲密，气氛要更加热烈洋溢；处理机密细微的事情，态度要更加光明磊落，心怀公正勿使他人误解；对待年老衰落的人，礼节要更加隆重恭敬，照顾要更加热情周到。

※评析

与人交往需要真诚，也需要准则。昔日的老友，因为长时间疏于联络，可能已经变得生疏，但越是这样就越要表现出你的热情和真诚，这样才不会使你们的友情在时间的磨洗下褪色；对待机密不宜与外人道的事，因为它的神秘而更容易引起别人的好奇，但越是这样就越需要一种公正坦荡的态度去处理，这样才不会引起别人的误解；对待那些衰老或者没落的人，因为他们今非昔比，可能已经饱受了世人的冷遇，越是如此就越应该用最热情周到的礼节和真心去对待他们，使他们知道自己并没有被遗弃。

若我们不论什么事都能做到将心比心，就能拆除人与人之间的心理防线，使自己的生活充满脉脉温情。

恩宜自淡而浓　威应自严而宽

※原文

恩宜自淡而浓，先浓后淡者，人忘其惠；威宜自严而宽，先宽后严者，人怨其酷。

※译文

施人以恩惠应该从淡薄到浓厚，如果开始浓厚，后来淡薄，受恩者就会忘记他的恩惠；树立威信应该从严厉到宽容，如果开始宽容后来严厉，别人就会埋怨他的冷酷。

※评析

有一个大家都很熟悉的例子，小时候去买糖果，售货员在称糖果的时候，如果一次放得过多，她就会去掉一些、再去掉一些，你的心在她去掉糖果的同时，也一次比一次变得不快，总觉得自己吃了亏；而反过来，先是放得少一些，再慢慢添上一些、再添上一些，你的心情则会随着糖果的增加越来越明媚，心中暗自得意：原来自己的钱可以买到如此多的糖果。其实糖果的分量没有什么不同，不同的只是人的心理，而会做生意的人往往选择第二种经营方式。人与人的交往也是一样，初时冷淡是自然；日渐熟悉感情日益加深，恩惠渐浓也属常情。但若初时热情，后来反倒冷漠，你会觉得他通过交往对你有了反感。树立威信或是其他关系也是同样的道理。

“渐入佳境”是每个人的心理期待，符合人情的思维定式，懂得这一点就能在人际关系和社会生活中左右逢源、游刃有余。

修身养性篇

夜深人静独坐观心，始觉妄穷而真独露，每于此中得大机趣；既觉真现而妄难逃，又于此中得大惭忸。

静中观心　真妄毕见

※原文

夜深人静独坐观心，始觉妄穷而真独露，每于此中得大机趣；既觉真现而妄难逃，又于此中得大惭忸。

※译文

每当夜深人静、万籁俱寂的时候，一个人独坐下来自我反省，才会发现妄念尽失而本性流露，此时就会领悟到生命的真谛；但又会觉得只是一时复归自我本性，最终还是无法摆脱一切杂念，这时又感到惭愧不安了。

※评析

你是否有过这样的体验：当能放下一切得失的时候，心情自然豁然开朗，这是因为身心摆脱了世俗价值观的牵绊所致。一个人如果心存妄念，就会贪得无厌、欲求不满，这样的人总是忙于追求财富名利，从不肯停下脚步去体会生活中的趣味。

孔夫子云：知止而后有定。如果愿意给自己片刻时间净化心灵，在夜深人静的时候静下心来自我反省，恐怕不感到惭愧不安的人寥寥无几。只有保持纯洁之心而对外界事物不起妄念的人，才能俯仰无愧。

德在人先　利居人后

※原文

宠利毋居人前，德业毋落人后，受享毋逾分外，修为毋减分中。

※译文

追求名利的行为不要抢他人之先，积德修身的事情不要落他人之后；享受物质时不要超越自己的本分，涵养品德时则不要放弃分内应该遵守的标准。

※评析

从世俗的标准来看，“功成名就”似乎就代表着一个人在事业、生活上达到了终极的成就，所以一般人求学、做事都以此为方向标，为了前程不辞劳苦。

然而，如果过度追求名利，就会让人变得功利现实，甚至为达目的不择手段。其实，凡事只要尽心做了，就是圆满成功，何必与人争先呢？再者，做人要知足，要认清自己的实力，千万不可以去贪慕超出自己能力范围的物质享受。否则，一个收入微薄的人如果贪图奢侈的享受，就会变成物欲的奴隶，让自己陷入无尽的苦恼之中。

动静合宜　道之真体

※原文

好动者，云电风灯；嗜寂者，死灰槁木。须定云止水中，有鸢飞鱼跃气象，才是有道的心体。

※译文

好动的人，既像云端的闪电，又像风前的烛光；喜爱清静的人，既像已经熄灭的灰烬，又像已经丧失生机的枯木。但过于好动或好静，都不够理想，只有在不动的云下和平静的水面上，才能看到鸢飞鱼跃的景象，必须用这两种心态来观察万事万物，才算得上是具有崇高品德的人。

※评析

过与不及虽是两种极端，但都不是合乎理想的态度。如果做事极端，不是没有弹性、不知变通，就是不按常理出牌，让人摸不着头绪。做人也是如此，一旦极端就无法纵观全局，难免有所偏颇而与成功失之交臂。

此文就人生修养中的动、静两念来说明走极端的坏处——好动的人善变如云电风灯，好静的人偏执如死灰槁木，两者都不是理想的心态。最为理想的人生观是动静合宜，亦即两者兼具，做人处世如果能保持这种心态，无论所处的环境有多恶劣都能随遇而安。

处喧见寂　出有入无

※原文

水流而境无声，得处喧见寂之趣；山高而云不碍，悟出有入无之机。

※译文

流水潺潺而周围环境更显幽静，从中能够体味到喧闹中见宁静的趣味；山峰高耸却不会阻碍云的流动，从中可以悟出超脱世俗进入无我之境的玄机。

※评析

水流有声而境无声，有了动的衬托才能愈显静的空寂。一个人本性已定，就不会被爱憎和是非所动，就会呈现出一种静态。高山无法阻挡流云，因为云天性虚灵，自能高远。凡俗的一切同样也无法阻挡或改变一颗纯洁无欲的心灵。空寂本是心境的和谐，是一种禅悟，在于心灵的契合与感知。

水不动安知境之静，人若身处安逸宁静中如何能显示他临危不乱的从容？山不阻焉知云无碍，人若不受诱惑又何以看出他无欲无求的高尚？而若真能识得“处喧见寂之趣”，领悟“出有入无之机”，就已经难能可贵了。

山林息尘心　诗书消俗气

※原文

徜徉于山林泉石之间，而尘心渐息；夷犹于诗书图画之内，而俗气潜消。故君子虽不玩物丧志，亦常借境调心。

※译文

悠然漫步于山林泉石之中，世俗的杂念就会渐渐平息；流连陶醉于诗词书画之中，世俗的气息就会慢慢消散。所以说君子虽然不能玩物丧志，也要常借助一些高雅的情境来调和心绪。

※评析

爱好能够给生活带来无限情趣，更可以提高我们的生活质量，使我们能够忙里偷闲品味生活。寄情山水可以滋养人的心灵；怡情书画可以平添人的气质。柴米油盐酱醋茶的世俗生活与琴棋书画诗酒花的文人雅趣并不存在本质的冲突。不要推说自己很忙，忙不等于生活的全部，它会让生活失去原本的色彩，而天然清雅的爱好却能给人带来惊喜，并且使生活变得更加色彩斑斓。

只要不玩物丧志、流连光景，高雅的情趣与爱好不仅能赶走身心的疲惫和烦躁，更能使人在生活的乐趣中怡然自得。

留正气还天地 遗清名在乾坤

※原文

宁守浑噩而黜聪明，留些正气还天地；宁谢纷华而甘澹泊，遗个清白在乾坤。

※译文

做人宁可保持质朴毫无机诈的本性，摒弃后天巧诈的聪明，以便保留些许浩然正气还给大自然；做人宁可摒弃世俗的荣华富贵，过着淡泊恬静的生活，以便留一个纯洁高尚的美名在世间。

※评析

对许多人来说，生活的好坏在一定程度上取决于人际关系的好坏，尤其在现代社会，拥有好人缘绝对有好处。为此，人们竞相经营人际关系，为了扩展自己的人缘不遗余力。然而，如果太过刻意经营，则不免流于狡诈，甚至因有求于人而处处曲意迎合。与其如此，不如保持质朴的本性，谨守心中的那股浩然正气，才能俯仰无愧地做自己。另外，世人皆爱荣华富贵，多少人为此前仆后继，倾毕生心力追求。

其实做人可以不必忙碌一生，只要基本生活不成问题。何不淡泊些，腾出时间和精力并将之用在充实精神世界上，细细品尝人生况味呢！

天地之趣 闲静者得

※原文

风花之潇洒，雪月之空清，唯静者为之主；水木之荣枯，竹石之消长，独闲者操其权。

※译文

花舞轻风的摇曳之姿，月映皓雪的空明皎洁，只有内心宁静的人才能成为这美妙境界的主宰；河水涨落、树木荣枯，竹之青瘦、石之消长，只有闲情逸致之人才能领略掌握。

※评析

“风花之潇洒，雪月之空清”，需要有一颗清静的心才能体会，唯有虚怀若谷才能听到自然界的动听语言，也只有心灵通透的人才能品味出自然界的真味。“水木之荣枯，竹石之消长”，需要有一双悠闲的眼睛才能发现，身心忙碌的人连自己都顾不过来，又哪有时间去关注与生存无多大关联的水木竹石的变化呢？

其实，清静悠闲与否只在于你的内心，只要不把生存当作生活，日子就会过得轻松许多。不必非得置身山林，也无须远离红尘，只需一颗闲淡之心与一双明眸足矣。你要知山水乐趣，还须自作山水，在生活中制造自然、发现美。没有闲淡自然、与山水同化之心，又怎能品得其中真味？

山居清洒　入尘赘旒

※原文

山居胸次清洒，触物皆有佳思：见孤云野鹤，而起超绝之想；遇石涧流泉，而动澡雪之思；抚老桧寒梅，而劲节挺立；侣沙鸥麋鹿，而机心顿忘。若一走入尘寰，无论物不相关，即此身亦属赘旒矣！

※译文

隐居在深山中心胸清新洒脱，接触任何事物都会产生美好的遐想：看见闲云缥渺、野鹤高飞的自由自在，就会生出超越凡俗的念头；遇到山谷间的涧水和清泉，就会产生洗涤心灵的想法；抚摸苍老的松树和傲寒的梅花，会增添坚韧不拔傲然挺立的节操；与沙鸥麋鹿为伴，所有的心机就会立刻被遗忘。一旦再回到尘世，无论任何事物都不再和我有关，就连这个身体也会觉得是多余的。

※评析

大自然能带给我们心灵的安宁，因为山水万物是人们无言的老师。它不仅可以包容我们，更能以自己的超脱、高洁、浑融濡染我们，它使我们的心不是停留在道理的表面，而是融入生命之中。在山林之中穿行，在泉野之间出没，结庐在翠崖之上，放吟于幽谷之中，摆脱杂念和烦恼，是何等的逍遥自在！

环境能够造就人心。在现代社会，嘈杂喧嚣的都市生活使人们迷失了自我，在人与人之间争斗久了难免会沾染上许多不好的习气；而现代人若在大自然中陶冶日久，和自然万物朝夕相处，自有一派道骨仙风的气度，即使重返世俗生活，也会多了一片超然物外的心境。

闲行芳草　兀坐落花

※原文

兴逐时来，芳草中撒履闲行，野鸟忘机时作伴；景与心会，落花下披襟兀坐，白云无语漫相留。

※译文

兴致不期而至的时候，脱了鞋在草地上闲行漫步，野鸟也忘了被捕捉的危险飞到身边做伴；当景色与心灵互相融合，在落红飞花之下披着衣裳独自静坐，白云也会静静地停留在头上不忍飘去。

※评析

闲行芳草间，有野鸟为伴；兀坐落花下，听白云无语。自然界中的一山一水、一草一木、一鸟一鱼都蕴涵着至理奥妙、无限玄机。当你厌倦了争斗，厌倦了功名利禄，看透了世情冷暖，到大自然中来吧，这里有滋养你生命的一切。大自然是宽怀伟大的，她能包容你的一切缺点，不会嫌恶你身上的世俗之气，更不会像世人一样将你遗弃。

到大自然中去体会心性跟天地之气的相通，感应天人合一，使身心和万物浑然一体，陶醉在云鸟相伴的忘我境界之中。也只有身处自然之中才能放松自我、心旷神怡，获得心灵的安宁。

降魔先降自心　驭横先驭此气

※原文

降魔者，先降自心，心伏，则群魔退听；驭横者，先驭此气，气平，则外横不侵。

※译文

要想制服正道的障碍，就必须先降伏自己受外物干扰的心，内心的邪念一旦去除了，其他的障碍就起不了作用；要想控制不顺理的外物，就必须先控制容易浮躁的情绪，一旦情绪控制了，其他外来的横逆就无法侵入。

※评析

某品牌饮料的广告词说“心是最大的战场”，人类最大的敌人正是自己！人每天所面临的诸多事物，都在挑拨隐藏在自己心中的邪念，考验着人的修养。所以，修身养性功夫不够的人，很容易受到外物的干扰而心生邪念。如果能战胜自己，克制心中的邪念，那么外来的一切横逆便无法对自己造成影响，并可能成为你成功的强劲助力。

换言之，人平常就要调理心性，在自我修养上下功夫，遇事才能沉着应变。如果内心不平静，情绪就会随外物之干扰而波动，不仅伤神，而且对事情本身也没有任何帮助。

超越天地之外　不入名利之中

※原文

彼富我仁，彼爵我义，君子故不为君相所牢笼；人定胜天，志一动气，君子亦不受造物之陶铸。

※译文

当别人富贵时，我仍坚守仁德之心，当别人拥有高官厚禄时，我仍坚守节义之道，一个品格高尚的君子本来就不会为富贵名利所束缚；人只要艰苦奋斗就一定能战胜命运，思想意志若专注于某一方面，意气感情自必为之转移，所以有才德的君子绝不会受制于命运。

※评析

《宋元学案》说：“大丈夫行为，论是非，不论利害；论顺逆，不论成败；论万世，不论一生。”君子立身于社会，之所以有别于常人，不仅仅是因为有才德，更重要的是他能安贫乐道，不贪不义之财，不慕高官厚禄——正如孔子的门生颜回，生活清苦，却能乐在其中，虽然“一箪食，一瓢饮”，但“回也不改其乐”。这种超越天地之外、不入名利之中的境界又怎能不令人刮目相看呢？

由此可见，一个人但求修养心性，不为外物所诱惑，则无论处境如何都能身心安乐。

欲无祸于昭昭　无得罪于冥冥

※原文

肝受病，则目不能视；肾受病，则耳不能听。病受于人所不见，必发于人所共见。故君子欲无得罪于昭昭，先无得罪于冥冥。

※译文

肝脏如果得病，就会出现眼睛看不清的症状；肾脏如果得病，就会出现耳朵听不清的症状——疾病虽然产生于人们所看不见的脏器，但症状必然发作在人们都能注意到的地方。所以，正人君子想不在人们看得到的地方犯错，就必须在看不到的细微之处也不犯错。

※评析

常言道："若要人不知，除非己莫为。"在别人看不见、听不到的情况下犯案，虽然别人不晓得，但逃得过良知的谴责吗？

曾经发生过这么一个案件：有一名歹徒利用假日潜入银行偷窃，他在顺利窃取了巨款之后，将钱分装两袋拿走。隔天银行发现钱被偷了，赶紧报警处理。警方追查好些天，仍然毫无头绪，后来竟在一次临检中告破。原来，歹徒在拎着袋子逃离现场时，因为紧张而不慎在地下道口掉落了一袋赃款。为了该不该回去找寻赃款，歹徒犹豫了好久，这一天他终于下定决心来到地下道口。当歹徒四下张望之际，一辆巡逻的警车恰好经过，觉得此人形迹可疑，于是下车盘问。歹徒做贼心虚，以为警察是来缉拿自己归案的，便不打自招，这件银行失窃案就这么告破了。

所以，一个人的存心不可不慎，尤其是有才德的君子，更需要慎独其身，不管在何时何地都尽量少犯过失。

心无其心　物本一物

※原文

心无其心，何有于观。释氏曰："观心者，重增其障。物本一物，何待于齐？"

庄生曰："齐物者，自剖其同。"

※译文

人心如果不产生私欲妄念，又何必要去观察心性呢？佛家说："观心，反而是增加了修行的障碍。天地万物原本是一体的，何必等待人去将其整齐划一呢？"庄子说："物我齐一的人，实际是把本来同属一体的东西给分割开了。"

※评析

心无其心，并非说心是不存在的，而是告诉人们心中本来空无一物，世人无须自寻烦恼。物本一物，也并不是说物只有一个，而是告诉人们万物本是一个整体，没有必要分得太清。人应该超然通脱，无牵无挂，而修身观心只证明了你对于名和利的执着。人与万物本为一体，有意去使它们平等化，恰恰证明了你认为它们是不平等的。

一个心性明澈的人不必去修身观心，这样无异于邯郸学步，其结果只能是增加心障，失去本心。一个物我合一的人也无须鼓吹众生平等，那样只会把人们的注意力吸引到它们之间的差别上去，从而违背了自己的初衷。

天全欲淡　方为直境

※原文

田父野叟，语以黄鸡白酒则欣然喜，问以鼎食则不知；语以温袍短褐则油然乐，问以衮服则不识。其天全，故其欲淡，此是人生第一个境界。

※译文

乡野的农人村夫，跟他们谈论黄鸡白酒这些粗茶淡饭时，他们会显得欣喜愉快，而如果问到山珍海味就不知道了；跟他们谈论棉袍布衣这些保暖之物时，他们会显得开心快乐，而如果问到一些锦衣华服就不明白了。因为他们保全了自己的天性，所以欲望淡泊，这是人生中的第一个境界。

※评析

纯真，因为淳朴所以天真。"莫嫌田家腊酒浑，丰年留客足鸡豚"，农家生活的清淡淳朴，使他们始终保持着一颗真诚天然的心。他们虽不能以鼎食衮服之礼来招待你，却能倾其所有，把最好的留给你享用。这份真诚是生活在锦衣玉食中的人们体会不到的。

也正是因为淳朴惯了，见的少、知道的少，所以欲望就少。鸡食谷而弃珠，是出于天性，因为它们知道自己需要什么。生活简单的人，天性淳朴自然，他们也同样知道自己需要什么。只有那些在现代文明熏染下自以为聪明的人，天性被逐渐磨蚀殆尽，原本简单的生活被复杂化了，因此被生活所累是必然的事！

谦虚受益　满盈招损

※原文

欹器以满覆，扑满以空全。故君子宁居无不居有，宁居缺不处完。

※译文

欹器因为装满了水才会翻倒，扑满因为空无一物才得以保全。所以，一个有才德的君子宁愿处于无争的地位，也不要居于有争夺的场所；日常生活宁可稍有缺欠，也不要过分要求完美。

※评析

常言道“谦受益，满招损”，这就像成熟的稻穗因为弯垂所以能耐疾风，而挺直的麦秆则无法抵挡风力。由此观之，做人如果不懂得谦让，就算无意与人相争，他人也会视自己为对手，随时可能对你展开攻势。

再者，如果不保有虚怀若谷的心态，自然就会筑起一道牢不可破的心理防线，听不进别人的善意规劝，往往给人态度骄狂的印象。而一个人如果内心充满了杂念，又不愿接纳别人善意的建议，就会成为蛮横不讲理的狂人，这样只会招致他人的嫉恨，陷自己于险境。

畏恶有善路　显善存恶根

※原文

为恶而畏人知，恶中犹有善路；为善而急人知，善处即是恶根。

※译文

如果做了坏事还怕被人知道，可说他仍保有一点改过向善的良知；如果做了善事就急于让人知道，可说他在行善的同时已经种下了伪善的恶根。

※评析

孟子说性善，荀子谈性恶，人性究竟是善还是恶？如果说人性本善，那懵懂孩童为什么会有踩踏蚂蚁、捉弄小动物的举动？如果说人性本恶，那么看见他人有危难的时候，为什么又会伸出援手？其实，人性中并存着善与恶。换言之，除非良知已经泯灭，否则任何人都有羞耻心，在做了坏事之后，都会感到良心不安。

而一个人犯了错，如果能真心改过迁善，就可以逃出罪恶之渊，重获新生。相对于此，有的人借着行善以遂私欲，这种人的最终目的还是利己，那张伪善的面孔一旦被人撕开，面目是何等狰狞啊！

谨言慎行　君子之道

※原文

十语九中，未必称奇，一语不中，则愆尤骈集；十谋九成，未必归功，一谋不成，则訾议丛兴。君子所以宁默毋躁，宁拙毋巧。

※译文

十句话说对了九句也未必有人称赞你，但如果说错了一句，众多的指责就会接连而至；十次计谋有九次成功也未必归功于你，但只要有一次计划失败，责难之声就会纷纷到来。所以君子宁可保持沉默，也不要急躁多言，宁可韬光养晦，也绝不自作聪明。

※评析

俗话说“好事不出门，坏事传千里”，有些人喜欢借着贬损他人来抬高自己，甚至去放大别人的缺点，这与妒忌、害怕他人胜过自己的心态有关，同时还具有浓厚的自我炫耀意味。

换言之，人们常会在不知不觉之中与他人较劲，所以，当别人有了不错的表现，就很难真诚地去夸赞对方，还认为如果换成自己可能做得更好。而一旦别人失策了，幸灾乐祸、落井下石者大有人在，攻讦责难的声浪此起彼落，原本只是小错误也被渲染成严重失误。上述情节随时在我们的生活周遭上演，尤其在工作中更是屡见不鲜。

所以，劝诫有才德的君子要“宁默毋躁，宁拙毋巧”。

养天地正气　法古今完人

※原文

气象要高旷，而不可疏狂；心思要缜密，而不可琐屑；趣味要冲淡，而不可偏枯；操守要严明，而不可激烈。

※译文

一个人的气度要恢宏广阔，但不可以流于狂放不羁；心思要缜密周到，但不可以太繁杂琐碎；生活趣味要高雅恬静，但不可以过于枯燥单调；节操要严谨而光明磊落，但不可以偏激刚烈。

※评析

人们常为了求好心切而在不知不觉中偏离正道，要展现落落大方的气度，却给人留下狂放不羁的印象；为让失误减至最低，却导致流程过于繁杂琐碎；追求高雅恬静的生活趣味，却过于枯燥单调而与社会生活脱节；谨守节操却遭人诟病为偏激刚烈。

日常生活中，诸如此类的事情随时都在发生，许多人都曾感叹，明明已尽最大的努力来做好工作，结果却不受肯定，得不到大家的认可。

如此看来，做人做事如何拿捏好分寸的确是一门高深学问，很难面面俱到。所以，只能以最自然、认真的态度来待人处世，务必使自己的思想言行适度而无偏颇。

不着色相　不留声影

※原文

风来疏竹，风过而竹不留声；雁渡寒潭，雁去而潭不留影。故君子事来而心始现，事去而心随空。

※译文

当轻风吹过稀疏的竹林时，会发出沙沙的声响，可是之后竹林又归于寂静，不再留有风的声音；当大雁飞过寒冷的深潭时，身影会倒映在水面上，但是雁飞过之后潭面不会留下雁影。所以，君子在事情来临时才会显出本性，而事情结束后本性又复归虚静。

※评析

人会感到不快乐，有大半原因是执着使然。执着什么呢？也许是一段美好难忘的过去，也许是一份渴盼，都因为舍不得、放不下而缠扰不已。佛家说“诸相皆空”，万事万物的生灭皆是因缘，因缘具足则生，不具足则灭，所以说缘聚即合，缘尽则散。但世人往往提得起放不下，经常自陷于事物的得失之中，有人对逝去的恋情难以割舍，有人钻营于难以达到的目标……诚如作者所说“风过而竹不留声”“雁去而潭不留影”，风和竹、雁和潭都是因缘遇合，风过、雁去后缘即尽，一切又复归于寂静。

所以，对人对事应当抱着随遇而安的态度，坦然去面对并接受现实生活中所有顺与逆的境遇。

君子德行　其道中庸

※原文

清能有容，仁能善断，明不伤察，直不过矫，是谓蜜饯不甜，海味不咸，才是懿德。

※译文

清廉又能包容一切，仁慈宽厚又能当机立断，聪明睿智又不失严求，刚直又不至于矫枉过正，这就像蜜饯虽然浸泡在蜜糖里却不会过分甜腻，海产的鱼虾虽然腌在盐缸里却不至于过分咸涩。做人也要有不偏不倚的尺度，才称得上具备高尚的美德。

※评析

物或人的性质相同者，通常容易聚合在一起，正所谓“物以类聚”，也因为如此，性质不同者往往互相排斥。所以自古以来，君子与小人、忠臣与佞臣，彼此都不见容于对方。在此作者告诉我们，做人应当秉持中庸之道——清廉又要能包容一切，仁慈宽厚又能当机立断，聪明睿智又不失严格，刚直又不至于矫枉过正。

的确，如果过于极端，反而会让自己受到伤害，就像清廉刚直的人愤世嫉俗，便会失去容人的雅量；心地仁厚的人优柔寡断，则会显得缺乏果断力；而睿智的人自恃聪明，往往聪明反被聪明误。

所以，人立身于社会，凡事当持中庸之道，不偏激、不妄执，才能营造和谐的人际关系。

艳是幻境 枯见真吾

※原文

莺花茂而山浓谷艳，总是乾坤之幻境；水木落而石瘦崖枯，才见天地之真吾。

※译文

鸟语花香使山谷绚烂浓艳，但终究是天地间的虚幻景象；溪枯水干草木凋零使崖石上一片寥落萧瑟，这才是大自然的本来面目。

※评析

世间繁华如山浓谷艳，满眼绚烂春光，不禁让人眼花缭乱、迷失本心。却不知一切繁华都如过眼云烟，稍纵即逝。人生终要面对的是石瘦崖枯，萧索荒凉的境遇难免使人备感凄凉，然而也只有在这冷落的环境中才能让世人恢复冷静，静观本心，寻回真我。“梅花香自苦寒来”，不要迷醉于春风，它只是匆匆过客，必须接受风雪的洗礼才能香彻骨髓。

因此，冷落萧索中往往蕴含无限生机，人生的低谷逆境同样充满了无穷希望。不要错过这个反思过往的难得的机会，只有在冷静中找回本真，才能重获新生。

宁静淡泊 观心之道

※原文

静中念虑澄澈，见心之真体；闲中气象从容，识心之真机；淡中意趣冲夷，得心之真味。观心证道，无如此三者。

※译文

人的思虑只有在安静的时候才能清明，这时才能发现人性的真正本源；人的气概只有在闲暇的时候才能舒畅悠闲，这时才能领会到心的灵明；人的意念只有在平和淡然的时候，才能谦虚和顺，这时才能获得性灵的真实本味。如果想要反省参证人生的真正道理，没有比这三种方法更好的了。

※评析

现代人生活步调紧凑，日子被永无止境的忙碌所填塞，仿佛稍微停下脚步，就会落后别人一大段路。人们究竟为何辛苦、为何忙？为了改善生活、为了获取成就……相信每个人自有其答案。但是否想过，当我们一味疾步前行时，是不是已经错过了欣赏沿途景致的机会？

而且，当目标志在必得时，人与人之间的利害冲突只会日益尖锐。现代人常会埋怨，物欲愈高愈觉得空虚。其实生活可以很简单，内心的真趣也可以不假外求。只要保有宁静淡泊的胸襟，就能获得悠然自得的情趣，也能免于成为物欲的奴隶。

心公不昧　六贼无踪

※原文

耳目见闻为外贼，情欲意识为内贼。只是主人翁惺惺不昧，独坐中堂，贼便化为家人矣。

※译文

眼睛看到的美色，耳朵听到的美声，都属于外来的诱惑。至于人心的七情六欲和主观意识，都是属于内在的偏执。但不管是内在偏执还是外界诱引，只要自己能时刻保持清醒惕厉，做事循规蹈矩，这些都会变成提高自己修养品德的助力。

※评析

不论外在诱惑还是内心偏执情感的威力有多大，在一个禁得起诱惑的人面前，都发挥不了任何影响力，反而会变成自我修养的助力。换言之，任何事物对人的影响都是一体两面的，可以让人沉沦，也可以成为帮助人修养品德、超越自我的助力，这一切都要看人是否为其所役使而定。所以，耳目之娱可以调剂身心，也足以腐化人心；情意活动可以创造人生，也可以毁灭生命。

因此，生活在物欲横流的今天，人更要能自我节制，凡事取之有道，并谨守发乎情止乎礼的原则，才能不受外物的诱惑而蒙蔽了理性。

文章极处无奇巧　人品极处只本然

※原文

文章做到极处，无有他奇，只是恰好；人品做到极处，无有他异，只是本然。

※译文

文章如果写到登峰造极的最高境界时，其实并没有什么奇特之处，只是将自己内心的思想感情表达得恰到好处而已；人的品德修养如果达到炉火纯青的境界时，其实和平凡人并没有什么特别不同，只是使自己回归到纯真朴实的本性而已。

※评析

读者有没有发现，愈是简单自然的东西愈是耐人寻味。一件精雕细琢的精品，乍看之下虽令人惊叹，但震撼之后，还不如一件凿工简朴的作品耐看。一篇好文章往往能最真实地表达作者内在的思想感情，雕琢藻饰反而让人味同嚼蜡。做人也是如此，品德修养至最高境界的人，和一般人并无不同，甚至更加谦和。由此可知，最美好的事物，都是因为保留最自然的纯真本性。

换言之，如果世人都能本着自然之道，以最纯真朴实的本性与人相处，不矫揉造作，那么人类社会必将更加自然和谐。

大量能容　不动声色

※原文

觉人之诈，不形于言；受人之侮，不动于色。此中有无穷意味，亦有无穷受用。

※译文

当察觉到别人欺骗我们的时候，不要马上在言谈之间表现出来；当我们遭受别人的侮辱时，不要立刻在神色情态上表现出来。这当中含有值得玩味的无穷乐趣，也让人一生受用不尽。

※评析

每个人都不喜欢被人欺骗，所以一旦发现别人欺骗了自己，大部分人往往因满腔的怒火难抑，而冲动地揭穿对方的谎言。但是，以责难的态度使人恼羞成怒是无所裨益的，很有可能因此招来意外之祸。或许有人要质疑，难道明知对方恶意行骗也不能揭穿，就只能胆怯地自认倒霉吗？并非如此，只是人人都有自尊心，当骗局被人当场揭穿时，即使不立即报复，也会处心积虑地另谋诡计。

所以，在发觉对方用心不正时，千万要沉着应变，不要急于当场揭发对方，以免使自己受到伤害。同样，当受到别人攻击侮辱时，也不要立刻怒形于色，而要以容忍来取代愤怒，否则“相骂无好话”，许多憾事往往由此而发生。

花落意闲　自在身心

※原文

古德云：“竹影扫阶尘不动，月轮穿沼水无痕。”吾儒云：“水流任急境常静，花落虽频意自闲。”人常持此意，以应事接物，身心何等自在。

※译文

古代的得道高僧说：“竹影扫过台阶尘土并不会飞动，月影穿过池塘水面也不会产生波痕。”我们的儒家学者说：“任凭水流得再急，周围的环境也依然宁静，花瓣飘落得虽然频繁，但是意兴仍然悠闲自在。”人如果能常常怀有这种心态，以此来立身处世、待人接物，那么身心该是多么悠闲自在！

※评析

境由心生，一切虚幻的东西都如同竹影扫阶、月轮穿沼一样，是虚无缥渺的，不会造成任何实质性的影响。既然这些镜花水月之事不足为依，那么一切虚幻的东西就不应以之为动。情欲物欲如同竹影、月轮，到头来不过是一场空，故面对这些心境宜静，意念宜远；心底常空，不为欲动，如阶上之尘，沼中之水，不受不实幻觉的影响。且人与万物无异，人间是非、尘世浮华又何苦看得太真，功名利禄不过如过眼云烟，何必寄予太多的痴情呢？心静，物不可使之动；身闲，境不可使之乱。也唯有气定神闲，才能心无挂碍，无欲无求。

诸恶莫作　众善奉行

※原文

反己者，触事皆成药石；尤人者，动念即是戈矛。一以辟众善之路，一以浚诸恶之源，相去霄壤矣。

※译文

能够时常自我反省的人，平常所接触的任何事物都会成为进德的良方；而经常怨天尤人的人，只要念头一动，就是邪恶的想法。由此可见，自我反省是使人疏通一切善行的途径，怨天尤人则是让人走向所有罪恶的源泉，两者之间真有天壤之别。

※评析

经常使用计算机的人都知道，要时时激活磁盘、扫描程序来杀毒，激活磁盘碎片整理程序来整理磁盘空间，这都算是保养计算机的基本工作。人的自我反省就犹如计算机的杀毒工作一般，它能检查并修正错误。所以，一个人如果能经常自我检讨，就能使自己免于做出有违义理的事情，而能奉行诸善，提高自己的品德。如果只知道怨天尤人，将一切不如意都归咎于他人，觉得自己是受害人，而不愿自我省察、自我要求，终会因为缺乏自我警惕而一再犯错，最后坠入罪恶的深渊。

正如一台已经感染病毒的计算机，如果听任病毒破坏系统，等到有一天连系统执行文件也遭到侵袭时，计算机就报废了。

情急招损　严厉生恨

※原文

事有急之不白者，宽之或自明，毋躁急以速其忿；人有操之不从者，纵之或自化，毋躁切以益其顽。

※译文

很多事情愈是急着弄清楚，就愈是弄不明白。在这种情况下，不如暂时缓和心情，也许冷静之后事情自然就明白了，千万不要操之过急，以免增加紧张气氛。有很多人你愈是指挥他，他愈是不服从。遇到这种人，不如暂时放松约束，也许他会自己觉悟，千万不要太过急切，以免强化了他的顽固，让事情变得更糟糕。

※评析

所谓“欲速则不达”，你解过纠结成团的毛线吗？有此经验者就能了解为什么愈急愈解不开线团，而待心平气和之后再去解它才能成功。因为人在心急的时候往往无法保持清醒，在这种情况下，非但理不出头绪，还可能把事情愈弄愈糟。

几年前，有一位年仅 9 岁的小孩遭人绑架，歹徒向其家人索要赎金交换，但害怕日后被小孩指认出来，所以决定撕票。歹徒将小孩装在麻袋里，计划将他丢弃到河中淹死。当车行驶在桥上时，小孩在麻袋里不哭也不闹，而在歹徒将他丢下桥前，他饱吸了一口气。当他落水后，便用最快的速度在一口气耗尽之前挣脱出麻袋，并往河岸游去，小孩的冷静救了自己一命。

我们当学习这种沉着冷静的态度，做任何事都不要操之过急，以免自乱分寸。

息心见性　了意明心

※原文

心虚则性现，不息心而求见性，如拨波觅月；意净则心清，不了意而求明心，如索镜增尘。

※译文

内心空灵，人的本性就会显现，如果不平息心中杂念就想见到本性，就像是拨开水波去寻找月亮一样；意念清净心灵就会明澈，如果不清除物欲烦恼就希望内心明澈，就像在布满灰尘的镜子上再增加一层灰尘一样。

※评析

保持清静宁和的心境，才能见真性情。沉浸在享乐中的人们通常十分昏庸，因为他们常为外物所迷醉，很难有一个冷静的头脑，而冷静是智慧之源。也只有虚怀若谷，才能明心见性。只有内心了无杂念时，本性才能出现。如果善恶、是非、爱憎等各种杂念缠绕心头，要想发现本性就等于雾里看花、水中捞月一样不切实际。

修身养性是如此，工作学习也是如此，没有淡泊、超脱的心境，不仅在道德上难以有所修为，在学业、事业、技艺上也只能一知半解，难以达到最高境界。

不能养德　终归末节

※原文

节义傲青云，文章高白雪，若不以德性陶镕之，终为血气之私，技能之末。

※译文

志节和义气足可傲视任何达官贵人，而韵致生动的文章足可胜过白雪名曲。然而，如果不是用高尚的道德来陶冶它们，所谓的志节和义气就不过是意气用事，而生动的文章也成了微不足道的雕虫小技。

※评析

常言道“玉不琢不成器”，铁砂要经过熔炼才能成为纯钢，所有的东西都必须经过磨炼才能成为有用之物。人也是一样，如果没有经由高尚的品德来陶冶，那么不论学问有多渊博、志节有多清高，都会沦为所谓的雕虫小技和血气之私。

换言之，任何人都不能自外于理法，尤其读书人更应养德，恪守理法，否则行径便会流为荒诞。而讲求志节与义气的人如果不守理法，则表现在外的行为就会流于鲁莽，变成所谓的意气用事。

所以，唯有同时具备高尚的品德，一个人的学问和志节才有意义。

文华不如简素　谈今不如述古

※原文

交市人不如友山翁，谒朱门不如亲白屋；听街谈巷语，不如闻樵歌牧咏；谈今人失德过举，不如述古人嘉言懿行。

※译文

与其和市井商人结交往来，不如和隐居山野的老人相交来得快乐；与其攀结富贵豪族，不如亲近布衣百姓更为真切；与其谈论街头巷尾的是非议论，不如多听一些樵夫的民谣和牧童的山歌；与其批评现代人不守理法等过失，不如传述古圣先贤有教育意义的好言语和好行为。

※评析

人们在相处交谈时，大多脱离不了与自己生活密切相关的话题，例如老师们谈教育、政治人物谈政策、家庭主妇谈家庭琐事，而名利场中的人，谈论的便是现实利益。所以，如果结交以赢利为目的的市井之徒，所听到的就大多是逐利的俗事，与其如此，倒不如结交无算计之心的山中隐士，听他们笑谈人间仙境。同样，富贵豪族所谈的多是有关功名利禄、竞逐权势之事，当然不如但求生活安定的平民百姓；而街头巷尾的是非议论，也不如樵歌牧咏来得悦耳。

更何况论人是非者即为是非人，随时都有招惹祸端之虞，与其如此，不如讲述古人的嘉言懿行，作为待人处世的座右铭。这样，不仅可以远祸，还能提高自己的修养。

修身养德　事业之基

※原文

德者事业之基，未有基不固而栋宇坚久者。

※译文

高尚的品德是一生事业的基础，就如同兴建楼宇一样，如果没有坚实的地基，就绝对无法建筑坚固耐久的房屋。

※评析

道德是人生所应遵循的理法，如果不遵循理法，人类社会将变成什么样呢？人将纵欲而为，然后由此生起祸端。道德理法是维护社会秩序的基石，也是做人的根本，必须牢记这个根本，做出来的事情才能合情合理，否则就算拥有再高的学识或再大的本领也没有意义，甚至还可能成为危害社会的祸患。我们不得不承认，道德规范比起法律往往具有更大的约束力，它可以说是维护正义的最后防线，正因如此，有些犯错的人会因受不了道德良知的谴责而投案。

总之，对现代社会来说，有些道德要求或许已经陈旧不再适用，但其精神仍值得取法，高尚的道德仍然是人们应该崇尚和追求的。

无事寂寂以照惺惺　有事惺惺以主寂寂

※原文

无事时，心易昏冥，宜寂寂而照以惺惺；有事时，心易奔逸，宜惺惺而主以寂寂。

※译文

人在闲居无事的时候，心情最容易陷入昏昧迷乱的状态，这时应该用沉静的心情来加以警觉；而当人有事忙碌的时候，性情最容易陷入冲动状态，这时应该保持冷静沉着来控制浮躁的情绪。

※评析

你曾经这么试过吗？假日的时候待在家中，什么事都不做，连音乐也不听，就这样呆呆地静坐着。你会发现，不多久，人就会感到昏昏欲睡，结果难得的假日会在似睡还醒的昏昧状态下度过。所以，当人闲极无聊的时候，最容易心生懒散，而变得意志消沉。反之，当人有事忙碌的时候，精神也会变得亢奋，此时情绪最容易浮躁，不易保持沉着冷静，结果往往欲速则不达，反而错误百出。

所以，闲居无事时，仍应该保持警觉之心，不要让心情陷入昏昧状态；而事务繁忙时，则应该保持冷静，以免急躁误事。

不轻诺不生嗔　不多事不倦怠

※原文

不可乘喜而轻诺，不可因醉而生嗔，不可乘快而多事，不可因倦而鲜终。

※译文

不能因为心情愉快就轻易许下承诺，不能借着醉意就乱发脾气，不能因为一时冲动就惹是生非，不能因为精神疲惫就有始无终。

※评析

不轻诺、不生嗔、不多事、不倦怠，这“四不”是做人最基本的原则。轻诺、生嗔、多事、倦怠四者，是人们最常犯的错误。换言之，人们最容易因为外界的影响而犯下轻易许诺、借酒发怒、冲动滋事及怠惰疏懒等错误。有许多憾事，都是因为犯了上述错误而导致的，例如最常发生的青少年斗殴事件，其中不乏原本是好友聚会，却因口角而反目的情形，然探究事发原因，往往都是酒后一言不合而冲动滋事，本来乘兴而往却只能败兴而归。

如果当事人能做到“四不”的做人原则，即使话不投机，也能控制情绪，就不致以如此不堪的局面收场了。

乐贵真趣　景不在远

※原文

得趣不在多，盆池拳石间，烟霞俱足；会景不在远，蓬窗竹屋下，风月自赊。

※译文

能获得趣味的事物不在多，只要有盆池拳石的小小空间，山水景色的意境就已经俱全；能领会大自然景色的地方也不必远求，只要坐在竹屋茅窗下，清风明月的情境就已够空阔了。

※评析

所谓“乐贵自然真趣，景物不在多远”，任何事物无不自成天地，如果能以活泼的心来看待，哪怕只是盆池拳石，也能体会到自然景色的真趣。可惜人们往往执着，总认为要调剂身心就非得置身于名山大川之间，事实上如果一个人心思不静，就算让他身临其境也无法获得宁静。反之，如果拥有如陶渊明“采菊东篱下，悠然见南山”的意境情趣，那么则不必遗世独立，就算结庐在人境，也能领略自然真趣。

所以，要怡情养性何必舍近求远，只需求诸自己胸中。心中若有天地，同样能获得无穷真趣。

恬淡适己　身心自在

※原文

竞逐听人，而不嫌尽醉；恬淡适己，而不夸独醒。此释氏所谓“不为法缠，不为空缠，身心两自在者”。

※译文

听任他人去争名逐利，但不因为别人醉心名利就疏远他们；恬静闲适是为了顺应自己的本性，但不因此而夸耀自己清高，不沉迷于名利的竞逐。这就是佛家所说的“不为一切事物所羁绊，也不为虚无的道理所困扰，能做到这样就能使身心自由自在了”。

※评析

不为外物所迷、淡泊名利的高洁之士向来被人敬重。其实恬静淡泊乃是顺应自己的本性，并没有什么值得标榜的。只是许多人并非真正安于恬淡，历来就有不少人靠博取清高的美名，进而致仕，恬淡成了他们通往成功的阶梯，那么就变得可悲了。人生存于现实社会之中，不可能离开外物而生活，许多引导人们摆脱外物羁绊的道理，事实上都是虚无的，目的是使人免于外物的诱惑，而能保住本性。

人要领悟真性，就必须清除虚无道理等一切障碍，使身心真正自由自在地在这混沌的世间生存下去。

修养定静功夫　临变方不动乱

※原文

忙处不乱性，须闲处心神养得清；死时不动心，须生时事物看得破。

※译文

在事务繁忙的时候，要想能保持冷静而不至于乱了理性，就必须在平时培养清晰敏捷的思维；而想在面对死亡的时候不产生恐惧之心，就必须在活着的时候对人生有所彻悟。

※评析

只有已经彻悟人生的人，才能做到“不乱性、不动心”。历来多少贤能之士都拥有这般豁达胸襟，生死在他们眼里不过是很自然的事情，面对死亡他们从容以对。孔子说“朝闻道，夕死可矣”；诸葛亮说“鞠躬尽瘁，死而后已”；而文天祥说“人生自古谁无死，留取丹心照汗青”，这些话所表现出的大无畏精神，震撼着千百年来的人们，使人们在崇敬他们高尚人格的同时，更加钦佩他们的洒脱与淡定。

古人所留下的嘉言懿行足可取法，也启发我们要从平时的修养中建立正确的人生观。

善操身心　收放自如

※原文

白氏云：“不如放身心，冥然任天造。”晁氏云：“不如收身心，凝然归寂定。”放者流为猖狂，收者入于枯寂。唯善操身心者，把柄在手，收放自如。

※译文

白居易说：“不如放任自己的身心，听凭上天冥冥之中的安排。”晁补之说：“不如收敛自己的身心，静静地使自身归于寂静。”放任身心的人会流于狂妄自大，收敛身心的人会过于枯燥乏味。只有善于掌握自己身心的人，将控制权把握在自己手里，才能收放自如、随心所欲。

※评析

人的命运和身心应当靠自己来掌握，把柄在手，也就是主动权在你手里，你才可以自在处之。做自己的主人，而不要做道理的奴隶，处处要有权衡、有变通。所有极端的都不可能是正确的。世上事没有什么绝对的放之四海皆准的真理，关键在于度的把握。

操持身心同样需要适度，一味放纵，人就会狂妄，像旷野里的灌木，杂枝丛生，难成栋梁。过分地约束自己，则过于死板，伤及主干，使天性受到损害。当收则收，当放则放，与世沉浮，才能掌握自己的身心自由，摆脱种种无谓的烦恼。

去思苦亦乐　随心热亦凉

※原文

热不必除，而除此热恼，身常在清凉台上；穷不可遣，而遣此穷愁，心常居安乐窝中。

※译文

不必特意驱除夏天的暑热，只要消除烦躁不安的情绪，就能使身心清凉；也不必去勉强驱赶贫穷，只要能消除对贫穷的忧愁，就能使心境常处在安乐窝中了。

※评析

常言道“心静自然凉”，这是佛家所提倡的修行功夫，对此修炼达于炉火纯青境界者，就能不受外在环境的影响。除文中指出只要消除烦躁不安的情绪，就能使身体常处在清凉台上之外，在面临他人的恶意抨击时，这种修行功夫也能化尖如利箭的攻讦恶语为软钉，使其无法伤及自身。

至于贫穷，要看人们用什么立场来界定，这完全是观念问题。例如安贫乐道的颜渊“一箪食，一瓢饮，在陋巷，人不堪其忧，回也不改其乐”，或许在外人看来他是穷困的。但他自己却感到充实而富裕，原因正是其心不为贫穷所累，精神充实，内心才能常保安乐。

卧云弄月　绝俗超尘

※原文

芦花被下，卧雪眠云，保全得一窝夜气；竹叶杯中，吟风弄月，躲离了万丈红尘。

※译文

在芦花纷飞之下，以白雪为床、浮云为帐，可以吸收天地间的自然精气，保全一份宁静；用竹叶做酒杯，一边吟啸清风、一边玩赏明月，可以摆脱红尘俗世的繁华喧闹。

※评析

作者在此勾勒出一幅神仙般的隐居生活。那种充满雅趣的生活，是忙碌的现代人理想的生活蓝图。人们花费大半辈子的时间和精力打拼，为的就是将来能享清福，很多人常说“将来退休后要远离尘嚣”。其实只要愿意，平常就可以接受大自然的陶冶，来荡涤自己一身的尘气。再者，也可以用“心”去贴近大自然，不一定非得拘泥于形式。

换言之，如果心灵保有一份宁静，即使置身在纷扰的尘世，也能心旷神怡。陶渊明在《饮酒诗》中“结庐在人境，而无车马喧；问君何能尔，心远地自偏”的叙述最能呈现这种雅趣。

心地能平稳安静　触处皆青山绿水

※原文

心地上无风涛，随在皆青山绿树；性天中有化育，触处见鱼跃鸢飞。

※译文

只要心中没有烦恼，所到之处就都是青山绿水的祥和景致；而只要本性中保有化育万物的爱心，则举目所见无不是鱼跳鸟飞的悠然景观。

※评析

升往天堂或堕入地狱，全系乎一心。当人思虑澄明，心中没有烦恼，不为欲念所惑的时候，便升往天堂。反之，为物欲所惑而心生烦恼之际，便堕入地狱。天堂或地狱只不过在人的一念之间，痛苦与快乐只在乎人心，欲望是将人拉入地狱的恶魔。

由此来看，人如果不想被烦恼所困扰，就必先去除欲望。如何才能办到呢？凡事知足随缘、不强求，不受外物的束缚与牵绊，就可以令人免于烦恼、消除烦躁，并使人获得真正的人生乐趣。

心境恬淡　绝虑忘忧

※原文

人心有个真境，非丝非竹而自恬愉，不烟不茗而自清芬。须念净境空，虑忘形释，才得以游衍其中。

※译文

人的心中有一个真实的妙境，不需要美妙的音乐就能使人感到闲适愉快，也不需要焚香煮茶就能让人感觉清新芳香。这是心念澄净、心境虚空，同时忘却忧思愁虑、解脱形体束缚之故，所以才能自如地悠游在妙境之中。

※评析

世人千方百计追寻的美妙境界，其实就存于自己的心中，只要你心无妨碍，自然就能得到，根本无须向外索求。但很多人以为，要求得让人身心无拘无束的妙境须向外求，所以，希望宁静的人往往避开人群，到深山里去寻求安静；想要断绝欲念的人，选择出世修行。这样做的结果也许暂时能获得心灵的安宁，但如果心中物欲不除，时间久了反而会觉得寂寞难耐，甚至适得其反，变本加厉。

其实，只要断绝俗世的名利与物欲，保持意境空灵，就能摆脱所有的烦恼，使自己悠游在生活的乐趣之中。

了心悟性　俗即是僧

※原文

缠脱只在自心，心了则屠肆糟廛，居然净土。不然，纵一琴一鹤，一花一卉，嗜好虽清，魔障终在。语云："能休尘境为真境，未了僧家是俗家。"信夫。

※译文

是否能摆脱世俗的烦恼，完全取决于个人之心念。如果能真心领悟，就是屠户酒肆也会变成极乐净土。否则，纵然喜好清雅，与琴鹤花草等为伍，魔障终究还是存在。俗话说："能够摆脱尘世才能进入领悟的境界，不能悟道的僧人和凡人并无不同。"这句话真是至理名言。

※评析

人的存心，是决定自己是否能自诸多痛苦中解脱的关键。存心不明，一切只是空谈。只要能够彻悟，不论外在环境如何，都跟置身极乐净土一样。反之，如果无法看透尘世，就难免受杂念的侵扰，无法静下心来，即使一琴一鹤、一花一竹的清雅嗜好也沾染了尘心，又如何能超然物外、修得正果呢？

所以说"了心悟性，俗即是僧"。由此看来，人是可以决定自己的苦乐悲善的，这一切完全依凭心念的清净与否，俗世与净土的距离只在心间。

修行宜绝迹于尘寰　悟道当涉足于世俗

※原文

把握未定，宜绝迹尘嚣，使此心不见可欲而不乱，以澄吾静体；操持既坚，又当混迹风尘，使此心见可欲而亦不乱，以养吾圆机。

※译文

当内心的修养还不够坚定的时候，就应该远离尘嚣，使心不会受到物欲的引诱，就不迷乱，这样才能领悟清明的本性；如果操守已经坚定，就应当回到熙攘的尘世，使心在物欲的引诱下仍能不迷乱，好来修养圆通的灵机。

※评析

虽然说只要心静，无论身处何地都能获得真正的平静，但这是针对操守已经坚定的人来说的。对于内心的修养还不够坚定的人而言，初步阶段应该远离尘嚣，以助其领悟清明的本性。两者的目的不同，所以采用的修身方法也不同。操守已坚的人要考验自己除了了悟清明本性外，是否也有定力，所以要在尘嚣中接触物欲的引诱，必须通过考验才能培养出圆融质朴的灵性。

至于修养还不够的人，例如思想尚未成熟的年轻人，由于心浮气躁，如果不将其与物欲横流的环境隔开，他们就很容易迷失在灯红酒绿的声色场所之中。

福祸苦乐　一念之差

※原文

人生福境祸区，皆念想造成。故释氏云："利欲炽然即是火坑，贪爱沉溺便为苦海。一念清净，烈焰成池；一念警觉，航登彼岸。"念头稍异，境界顿殊，可不慎哉！

※译文

人生幸福的境遇和灾祸的局面，都由自己的欲念造成。所以释迦牟尼说："对名利的欲望太过炽热就会掉入火坑，贪婪之心太过强烈就会陷入苦海。只要有一丝清净的念头，便可使火坑变成水池；有一点觉醒的念头，便能脱离苦海到达彼岸。"可见念头略有不同，人生的境界就大不一样。对此，不能不谨慎啊！

※评析

一个人表现在外的言行举止，和对事物的看法以及人生观等，全都起于一念之间。换言之，人生的祸福苦乐全是自找的，所以人要随时保持平和常喜的心境，这就必须从平时的养心功夫做起。古人说“养心莫如寡欲”，一般人常见的欲念，例如追求名利、物质享受等，都是妨害养心的最大障碍，而欲求不满是陷自己于苦海的罪魁祸首。要想摆脱这种煎熬，重新找回心的自主力量是唯一法门，只要心中的欲望减少一分，心的自主力量便增强一分。

所以，要想拥有幸福的境遇，就先从寡欲做起吧！

栽花种竹　心境无我

※原文

损之又损，栽花种竹，尽交还乌有先生；忘无可忘，焚香煮茗，总不问白衣童子。

※译文

把生活的私欲减少到最低限度，栽花种竹的风雅事都不需做了，将一切都交还给物我皆空的乌有先生；把烦恼忘到不能再忘，每日烧香煮茶，连送酒的白衣童子是谁都不去过问。

※评析

能够淡忘一切是人生的至高境界。人生在世所遇所求本来都是虚无的，该离开时总会离开，该放下的终要放下，又何必想不开呢？私欲凡心都是拖累世人的包袱，人们却把这些当作财宝紧握在手一时不放，并且不断添加，一刻不闲，生怕失去了它们就会失去人生的快乐。直到行将就木、再也不堪重荷之时，才不得不含恨作别。殊不知，这些正是人类烦恼的祸根。明智之人，不会为其所累。他们会把物欲降到最低，把该忘的统统忘记，既拿得起又放得下。他们身处凡世却远离尘嚣，使自己变得潇洒通脱，自然能够怡然自得。

佳趣妙境　非在物华

※原文

栽花种竹，玩鹤观鱼，亦要有段自得处。若徒留连光景，玩弄物华，亦吾儒之口耳，释氏之顽空而已，有何佳趣？

※译文

种植花草竹子，玩赏鹤鸟禽鱼，也应该有自得其乐的感受。如果只是贪恋眼前的景色，玩赏它们表面的浮华，也就不过是儒家所说的口耳学问，佛家所说的冥顽不灵罢了，有什么乐趣可言呢？

※评析

“栽花种竹，玩鹤观鱼”能够使心灵获得放松和快乐，然而它只不过是一种外在的形式而已。真正的乐趣是一种超逸怡然的领悟，它与形式无关。心性自在、潇洒自得，不需要在表面上去刻意追求，真正的修为智慧都是自然造化而形成的。只有忘却对形的执迷，才能体会出道的真意。

像“栽花种竹，玩鹤观鱼”这样的事，雅则雅矣，但也要有一颗清雅的心去对待。若只是流连光景、玩物丧志，忘记了应负的社会责任，再高雅的事也变成了浪费生命、虚度光阴，于人于己都是有害的。

了身外事　参心中禅

※原文

才就筏便思舍筏，方是无事道人；若骑驴又复觅驴，终为不了禅师。

※译文

刚登上了木筏便想上岸后舍弃木筏，才是个不为外物束缚的得道高人；如果骑着驴再去找驴，终究也是一个不能了却凡心、难以参透禅机的和尚。

※评析

外界事物只是我们达到目的的工具，太过在意就会成为人生的负担。一个人来到河边本来是想过河的，可是当他留恋起小船的可爱，不舍得放弃，那么即使过了河，也会为自己增加一个包袱。世人肩上类似的包袱难道还少吗？如果都像无事道人那样，过而不留，心无挂念，人生便多了几分自在与洒脱。形式并不重要，重要的是领会精神。酒肉穿肠过不要紧，只要佛祖心中留就可以。

人生与参禅悟道一样，工具与方法是给人用的，不是用来束缚人的。只有不拘泥于外物与形式，才能达到无我无相的至高境界。

若为驵侩　生不如死

※原文

山林之士，清苦而逸趣自饶；农野之人，鄙略而天真浑具。若一失身市井驵侩，不若转死沟壑神骨犹清。

※译文

山林之中的隐士，生活虽然清苦却充盈着雅逸的情趣；乡野之中的农夫，为人虽然粗鄙却不乏天真淳朴的本性。如果在市井中一不小心沦为市侩，还不如死在沟壑荒谷以保持精神肉体的清白。

※评析

品德高贵的人不会去在意生活的清苦，那些外在物质的贫乏不仅不会为他们的生活带来困扰，反而会使他们能够体会出一种修身养性的乐趣。对他们而言，如果名利纷扰，却来不及仰望星空流云，此时富有也是贫乏；衣冠楚楚，风流倜傥，只是为了迎合世俗人的眼光，即使看起来再伟岸也是卑贱。如果占有了一所房子，却失去了行走的自由；如果占有了金钱，却出卖了自己；如果拥有了舒适，却丧失了本性；如果拥有了名誉，却变卖了灵魂，那便是对人生最大的亵渎与侮辱。

动失真心　静得真机

※原文

人心多从动处失真，若一念不生，澄然静坐，云兴而悠然共逝，雨滴而泠然俱清，鸟啼而欣然有会，花落而潇然自得。何地非真境，何物无真机？

※译文

人心往往是从浮躁中失去纯真的本性。如果一点杂念都不生，清静泰然地独坐，白云升起意念就随之一起悠然消逝在天边，雨滴飘落心灵就随之变得清明透彻，听到鸟鸣便从中欣然领悟自然的奥妙，看见花落依然能够洒脱自得。那么什么地方不是人间仙境？什么东西不蕴涵着人生真谛呢？

※评析

心中浮躁就会失去自然的本真，因为浮躁的念头在心中作祟，人们常常会轻举妄动，而结果却往往得不偿失。静下心后，方能体会雨落鸟鸣花香，心智才能清凉无碍，灵感妙悟才能随时出现。

其实赏心悦目、怡情养性的事物到处都是，关键是你有没有一双善于发掘和发现美的眼睛。人的本真，无论是凡夫俗子还是智者圣贤都是相同的，凡夫俗子只因一念之差而丧失本真，当一念不动、心无杂念之时，善恶正邪的尘埃都扬不起来，宛如池水一样宁静澄清。此时，本真便会不期然回到你的心中，真境和真机自会呈现于你的眼底。

为奇不为异　求清不求激

※原文

能脱俗便是奇，作意尚奇者，不为奇而为异；不合污便是清，绝俗求清者，不为清而为激。

※译文

能够摆脱世俗的人就是奇人，但为了求奇而故意标新立异的，就不是奇人而是怪人了；不肯同流合污的人就是清高的，但为了显示自己清高而故意离经叛道的人，就不是清高而是偏激了。

※评析

超凡脱俗之人令人羡慕，清高磊落之人受人景仰。令人羡慕与受人景仰是世俗之人渴望获得的荣誉。如果真的能够做到超凡脱俗和清高磊落自然是好的，可是如果只是贪图这样的虚名而故意标新立异、离经叛道，那就不是脱俗而是怪异，不是清高而是偏激了。这无异于东施效颦，只能徒增笑谈。何况中国人讲究神似，行虽近神相远，终究会被人撕掉那层面具而原形毕露。

脱俗清高是一种人格的魅力，学是学不来的。它需要不断提高自身的道德修养，丰富自身的内涵。这是一个漫长的过程，需要冷静的头脑、开阔的眼界、宽广的心胸。如果你做不到，还不如顺其自然，至少还能保持几分真实！

云去而本觉之月现　尘拂而真如之镜明

※原文

水不波则自定，鉴不翳则自明。故心无可清，去其混之者，而清自现；乐不必寻，去其苦之者，而乐自存。

※译文

水如果不扬起波浪就会自然平静，镜子如果不被灰尘遮蔽就会自然明亮。因此人的心灵根本没有必要去刻意清洁，只要去除心中的杂念和私欲，清澈明净就会自然呈现；快乐也不需要刻意去寻找，只要排除心中的痛苦和烦恼，快乐就会自然长存。

※评析

水不波则自定，心无波则自静；鉴不翳则自明，心无尘则自清。所谓淡泊明志，宁静致远。人如果能清心寡欲，心中的是非少了，自然能够专心致志、心无旁骛，达到出神入化的精神境界。也只有驱除了那些杂念才能减少痛苦和烦恼，快乐自然能回到你的生活中。

天下本无事，庸人自扰之。世上有很多烦恼本来都是自找的。找来的越多、储存的时间越久，就如同水壶中尘垢一样越难清理，彻底地清洗难免会伤及壶身。在积怨还不是太深、未造成更大伤害时，就尽快把它们驱逐出境，免得后患无穷。

持身不可轻　用意不可重

※原文

士君子持身不可轻，轻则物能挠我，而无悠闲镇定之趣；用意不可重，重则我为物泥，而无潇洒活泼之机。

※译文

君子做人处世不能轻率浮躁，因为轻率浮躁就会受到外物的干扰，从而失去了悠闲镇定的情趣；思虑用心不能太过执着，因为太过执着就会受到外物的束缚，从而失去了潇洒活泼的生机。

※评析

轻率浮躁和过分执着都是不可取的。做事情要讲究方法和原则，除此之外还要讲究一个度。能入乎其内又出乎其外，才能客观冷静，不为外物所囿。

急躁冒进往往会适得其反，一步跨出三步的距离，不可能加快行进速度，而只能使人跌倒。如果你是个急性子，那你遇事一定要三思而后行，即使已经板上钉钉了，也要慢一点决定，多给大家一点时间思考。

当然，为人亦不可太执着，太执着就会变成固执、偏见、钻牛角尖，难以沟通。试问一个古板偏激的人有谁会喜欢与他共事呢？因此，用意重者要注意遇事果断，为人通透，这样才能不失活泼。

减省便可超脱　求增桎梏此生

※原文

人生减省一分，便超脱一分。如交游减，便免纷扰；言语减，便寡愆尤；思虑减，则精神不耗；聪明减，则混沌可完。彼不求日减而求日增者，真桎梏此生哉！

※译文

人生在世如果能减少一分琐事，便能多超脱一分凡俗。例如：交际应酬减少，就能免除一些争执纠纷；交谈言语减少，就能避免一些过失怨恨；思索忧虑减少了就不会造成精神的虚耗，自作聪明减少了就可以使本性得以保存。那些不追求事情日渐减少却希望其日渐增多的人，真是在束缚自己的人生啊！

※评析

生活中经常会有人喊累。怎么会不累呢？房子、车子、孩子、金钱、名誉、地位，有哪一样是舍得不要的？生活总是没有满足的时候，我们像负重爬山的人，身上的东西越来越多，却哪一样也舍不得丢，所以只会越走越累。其实，回想我们最快乐的时候，反而是童年心无杂念、一无所有的时候。想要自由来去，就要甘于一无所有。无得亦无失，便可无所牵挂。即使不能真的做到割舍一切，那么放下一些私心杂念、无谓争执总是可以的吧。让自己的生活简单一点，日子就会轻松一点，快乐自然就会多一点。

悟得真趣　匹俦嵇阮

※原文

茶不求精而壶也不燥，酒不求冽而樽亦不空。素琴无弦而常调，短笛无腔而自适。纵难超越羲皇，亦可匹俦嵇阮。

※译文

喝茶不讲究最好，茶壶中常有茶就可以；喝酒不追求清冽，酒杯中不空就可以。古琴缺少琴弦而能在时常弹起时身心舒畅，短笛不成腔调而能在吹起时自得其乐。这种生活纵然不能超越伏羲，也可以和嵇康、阮籍相匹敌。

※评析

事物的形式是次要的，根本的是它的内涵。饮酒品茶，不在于味浓，在细细回味中，清香悠远便得真趣。茶非壶中之茶，而是心中之茶，酒非杯中之酒，而是心中之酒。心中有了茶的清淡，何物不可以品味？心中有了酒的醇香，何物不可以迷醉？无弦琴、无羌笛，音出无声同样能领会自如。弹有弦琴，常人都可以听见，无弦琴却只有心存琴韵的人才可以倾听。身处大自然的清静中，便可以体验大自然的真趣。

故对茶酒琴笛等雅物，不管外形怎样，只求其中趣味。若能味淡情真、自得其乐便可超脱潇洒，与世外高人媲美了！

动中静是真静　苦中乐是真乐

※原文

静中静非真静，动处静得来，才是性天之真境；乐处乐非真乐，苦中乐得来，才是心体之真机。

※译文

在宁静的环境中保持的平静，并非是真正的平静，若在喧闹的环境中仍能保持平静的心态，才算是人的天性中原本的真境界；在欢乐的氛围中得到的快乐，并非是真正的快乐，若在艰难的困境中仍能保持快乐的心情，才算是人的本性中快乐的真正境界。

※评析

心如止水的心态，不是在清静平和的环境中获得的，而是在灯红酒绿的诱惑下练就的。在任何情况下都能做到泰然自若、坐怀不乱，才是达到了静的真境界。乐亦如此，经历过痛苦，才能懂得欢乐。得来容易的幸福是短暂的，也只有能够在苦中作乐者，才算懂得了快乐的真谛。“行到水穷处，坐看云起时”，山穷水尽时还能找到快乐的人，才是真正洒脱智慧的人。在静中耐得住寂寞，在动中经得起诱惑；在乐中不得意忘形，在苦中能找到快乐，如此便步入了人生的至高境界。

伸张正气　消杀妄心

※原文

矜高倨傲，无非客气；降服得客气下，而后正气伸。情俗意识，尽属妄心；消杀得妄心尽，而后真心现。

※译文

矜高倨傲，不过是一种虚夸不实之气，只有把这种不实之气压下去，然后浩然正气才能得以伸张；七情六欲私心杂念，都属于虚妄之心，只有把这种虚妄之心彻底消除了，然后纯良本性才能显现出来。

※评析

浩然正气是人类得以立于天地之间的主心骨，然而人们在生活中却常被矜高倨傲的虚妄之气笼罩着。这股虚妄之气遮蔽了世人的双眼，使人失去明辨是非的能力。对物欲、名位的追逐是许多现代人生活的主题，因为它离得很近，人们随时可以享受到它带来的快感。然而，它离生活的本质却很远，人们在永无止境的欲望中却忘了生活的真谛。

其实那些虚妄荒诞的念头都是由于我们内心的软弱和动摇造成的，外界的诱惑是客观的，要消除虚气与妄心只有靠我们自己。“日三省吾身”，随时自觉反省检讨自己、循序渐进，方能超越自我、再现真心。

机息风月到 心达远凡尘

※原文

机息时，便有月到风来，不必苦海人世；心达处，自无车尘马迹，何须痼疾丘山。

※译文

当内心复杂的念头停止时，就能感受明月清风的到来，不会再觉得人间是个苦海；当心胸豁达时，自然就不会听到车马的喧嚣，哪里还需要找一个僻静的山林呢？

※评析

“结庐在人境，而无车马喧。问君何能尔，心远地自偏。”陶渊明用他的实际行动告诉人们世外桃源是存在于人心深处的。人生的真正境界就像一幅开阔的山水画，宁静、安详，丝毫不见峥嵘气象；云遮雾障，那毕竟都是表象的东西，而精神蕴含在每个人的感受当中。只要放下心机，放开心胸，自然能够拨云见日，眼前即是世外桃源。一个心中装有清风明月的人，车马喧嚣自然充耳未闻。

所以，处世为人不必枉费心机，凡事只要本心无邪，顺其自然，便能脱离人世苦海；同样，只要心地纯净，又何必寻求一种隐居山林的形式？人境即是桃源。

拔除名根 驱散客气

※原文

名根未拔者，纵轻千乘甘一瓢，总堕尘情；客气未融者，虽泽四海利万世，终为剩技。

※译文

名利之心没有彻底拔除的人，纵然能够轻视富贵荣华，甘于贫寒清苦，最终也还是会陷于世俗名利之中；虚浮之气没有消散的人，其功德即使能够恩泽四海造福万世，最终也只不过是一些小伎俩。

※评析

世人都道神仙好，只有名利忘不了。争名夺利累人累心人所共知，而名利诱惑之大却令人难以抗拒。名利之心是一条开满鲜花的长藤，它可以把你从天国拉下地狱。有了它，你就会变得虚伪，做一些夸张的事表现自己，做错事也不再坦白，而是急于隐藏。名利之心不除，即使生活于贫寒之中，而自称甘于此道，故作清高，只不过是自欺欺人。虚妄之气同样时刻侵蚀着人心。只有居功不傲、为人谦和，凛然正气才能长存人间，宏功伟业才能泽被万世，为人类造福。

因此，只有消除名利之心，才能成为一个纯粹的人、高尚的人。

尚奇者乏识　苦节者无恒

※原文

惊奇喜异者，无远大之识；苦节独行者，非恒久之操。

※译文

一个喜欢猎奇、爱好怪异的人，必然不会有高深的学问和远大的见识；一个苦守名节、特立独行的人，也必然没有长久不变的操守。

※评析

天地自然本来是最纯真平淡的，人孕育于自然之中要识得它的本来面目，要懂得心淡如水、顺其自然的道理。一切光怪陆离都只不过是世间泛起的尘埃，而非清静自然中显露出的真面目，尘埃终会落定，世人何必惊奇！

同样，真正的修养不在于做一个与众不同的人，而在于平凡中的伟大，故意标新立异、怪诞狂傲，终是俗世之物，终会招来世人的嫌恶。见识远大之士和节操恒久之人，都绝非见异思迁、怪诞狂傲之辈，因为他们深谙“平淡是真”的道理。

耳目皆桎梏　嗜欲悉机械

※原文

一灯萤然，万籁无声，此吾人初入宴寂时也；晓梦初醒，群动未起，此吾人初出混沌处也。乘此而一念回光，炯然返照，始知耳目口鼻皆桎梏，而情欲嗜好悉机械矣。

※**译文**

灯光微弱闪烁，大地寂静无声，这是人们将要入睡的时候；清晨从梦中苏醒，万物悄然未动，这是人们刚从迷梦中走出。如果能利用这一线灵光来使自己的心灵澄澈，反省自身的一切，便会明白耳目口鼻都是束缚我们心灵的枷锁，而情欲嗜好都是使我们人性堕落的工具。

※**评析**

人的本能欲望是桎梏我们心灵的枷锁，人并非不知道精神的提升，只是多数人无法抗拒本能。欲望就像一条永无止境的锁链，一环扣着一环，一个接着一个，似乎没有满足的时候。人要生存就不可能真正做到与世隔绝，更加摆脱不了耳目口鼻的实际需要。若没有超脱之意，便会为物欲所奴役。人生深思在于朝夕，暮鼓晨钟能激奋精神，在静思默想中增长智慧、反思人生确实明智。既然不能割掉耳目口鼻以绝物欲，那么何不保持心灵的虚空宁静？常思己过亦能修身养性。

雨余山秀　夜静钟清

※**原文**

雨余观山色，景象便觉新妍；夜静听钟声，音响尤为清越。

※**译文**

雨过天晴之后观赏山峦的秀色，就会觉得景致更加清新美丽；夜深人静之时聆听远处的钟声，就会觉得声音更加清晰悠扬。

※**评析**

“空山新雨后，天气晚来秋。明月松间照，清泉石上流。”雨后的山色别具一番风味，比风和日丽时更显清新透彻，连空气都是新鲜的。那是因为雨水冲去了山间的微尘，使它显出了自己的本色，正如人在经历了人生风雨洗礼之后的那份淡定与通透。“姑苏城外寒山寺，夜半钟声到客船。”夜深人静时的钟声是否更贴近你的耳膜？钟声因夜静而远播，夜因钟声而静谧。而人心被钟声涤荡出的一片寂静，也正可以使禅心如钟声一样清响远播。

雨洗自然而景清，自然洗心而意清；夜传钟声而清越，钟声入心而警醒。只有经过这种洗涤，人才可能接近至道，回归自然，找回本真。

人生无望 必堕顽空

※原文

寒灯无焰，敝裘无温，总是播弄光景；身如槁木，心似死灰，不免堕在顽空。

※译文

微弱的孤灯失去了光焰，破旧的皮衣丧失了温暖，这些都是大自然在对世人故弄玄虚；衰弱的身体像枯槁的树木，空洞的心灵如燃尽的死灰，这样就难免使生命陷入委靡不振的境地。

※评析

寒灯无焰，敝裘无温，一片穷困孤寒的衰败景象，如果说这是自然的捉弄，自然未免显得无情。身如槁木，心似死灰，多么令人心寒的垂死画面，如果这是世人追寻的空境，世人便显得太过痴顽了。

空，不是无，不是一无所有，不是对人生追求的停止。它只是一种净化，是对与生命规律不和谐的杂音的删除。一个人要做到空，不必有意地点上一盏残灯，披上几件寒衣故作姿态，也不必故意熄灭自己心中的热情，摆出一副身如槁木的活死人模样。真正的空是看透世事的洞明，是一种超脱的心态，是快乐而非苦寒的！

独立云生处 高卧月华中

※原文

松涧边，携杖独行，立处云生破衲；竹窗下，枕书高卧，觉时月侵寒毡。

※译文

在松间溪旁，拄着手杖独自散步，立足之处云气缭绕在破衣服周围；在竹窗底下，枕着书本酣然入梦，醒来之时月光似水已浸透了旧毛毡。

※评析

自然的山水能怡人性情，书本的知识能增人智慧。与自然为伴，忘却人世烦恼，体味“荡胸生层云，阴阳隔昏晓”的开阔心境与潇洒气度；以诗书为枕，抛开荣辱得失，体验高枕无忧、月侵寒毡的怡然自得与从容不迫。

修道、养生，靠的不是坐禅、丹药、听法，而是对未被污染的大自然的吸吮，即使身披破衲依然不减道骨仙风；明智、进学，靠的不是背诵、科考，而是以读书为乐和无功名之心为前提；即使竹窗寒毡反而更添诗情画意。可见，智慧与心境的日臻高妙和物质没有必然联系。

有浮云风　无耽酒嗜

※原文

有浮云富贵之风，而不必岩栖穴处；无膏肓泉石之癖，而常自醉酒耽诗。

※译文

有能视富贵如浮云的高洁风骨，就没有必要刻意隐居到深山幽谷；没有对山川景色的迷恋热衷，却反而常常饮酒赋诗附庸风雅。

※评析

大隐隐于市，真正清心寡欲的人并不苛求环境的清静，在繁华的市井中依然能保持内心自然平静淡泊。而那些心中本无自然之趣，却偏偏要附庸风雅的人，虽然整日于山野之中对酒赋诗，又有什么真正的价值和意义呢？如果不隐居山林就无法保持高洁，只能证明此人并非真正的淡泊之人，他经不起功名利禄的诱惑，只好逃得远远的，躲开它，也就没有机会受到污染。然而装出来的清高一旦遇到富贵荣华，立刻就会被击得粉碎，一点招架之力都没有。因此，若要修身需先修心。

和衷共济　谦德防妒

※原文

节义之人济以和衷，才不启忿争之路；功名之士承以谦德，方不开嫉妒之门。

※译文

有节操重道义的人要用平和大度之心来加以调和，才不会和别人发生意气之争；功成名就的人要培养谦虚礼让的美德，才不会招来别人的嫉妒之心。

※评析

重节尚义的人往往给人以耿直严肃、不近人情之感，使人难以亲近，甚至还会时常与人大动干戈。如果在自己的“节义”之上加一个“和”字，就会显得平和大度许多，而自身的美德也会因此更显光彩。身处仕途的人若官运亨通、位尊权重，往往会给人一种趾高气扬、俯视一切的压迫感，而且同时会招来别人的嫉妒，为自己的前途埋下危机。若能让自己的身上多一分谦和，就会使自己更具亲和力，避免人际间的许多无情纷争。

在这一点上，古人早已提出“和衷共济”“以和为贵”“满招损，谦受益”的观点，如今看来，这是多么地高明！

心体莹然　不失本真

※原文

夸逞功业，炫耀文章，皆是靠外物做人。不知心体莹然，本来不失，即无寸功只字，亦自有堂堂正正做人处。

※译文

夸耀自己建立的功业、炫耀自己所写的文章，这些都是靠身外之物来美化自身。却不懂得只要内心是纯洁的，不失本性，即使没立一点功勋、没写只字片言，也一样可以堂堂正正做人。

※评析

以貌取人与以貌做人都是不足取的。服饰艳丽，不及容貌俊美；才华横溢，不如品德出众。拥有一切而缺乏道德终会感到空虚。心地善良者即使一无所有，也可以堂堂正正做人。况且要做事先做人，成功的人，不论是高官政要还是巨商大贾，抑或是学术泰斗，其实他首先是一个人。就是说他们首先在做人上必须是成功的，他们在政治、经济、科学上取得的辉煌成就都需要建立在成功做人的基础上才能稳固。

先学会做人，有道德作坚强的后盾，即使我们不能做一个成功的人，也能做一个问心无愧、顶天立地的人。

人生百态篇

藜口苋肠者，多冰清玉洁；衮衣玉食者，甘婢膝奴颜。盖志以澹泊明，而节从肥甘丧也。

澹泊明志　肥甘丧节

※原文

藜口苋肠者，多冰清玉洁；衮衣玉食者，甘婢膝奴颜。盖志以澹泊明，而节从肥甘丧也。

※译文

能够忍受粗茶淡饭的人，他的节操通常像冰一样清明澄澈，像玉般纯洁无瑕；而讲求华服美食的人，多半甘于向人屈膝奉承。因为人的志气可以在淡泊名利中表现出来，而人的节操可以在贪图物质享受中丧失殆尽。

※评析

一个人如果贪图物质享受，他的心志必将为物欲所役使，精神生活也将空虚不堪。为了满足私欲，有人不择手段去钻营牟利，有人甘愿卑躬屈膝去奉承权贵，有人不惜触法去作奸犯科——不管是哪一种，其背后的动机都是为了追求享乐。金钱和地位在现实生活中的作用和影响似乎是不可比拟的。虽然锦衣玉食者未必个个是卑膝奴颜，但人一阔，脸就变，却是不争的事实。所以，一个过度追求物质享受的人就不会有高尚的节操，因为他的价值观已经被物化了。

富者应多施舍　智者宜不炫耀

※原文

富贵家宜宽厚，而反忌刻，是富贵而贫贱其行矣！如何能享？聪明人宜敛藏，而反炫耀，是聪明而愚懵其病矣！如何不败？

※译文

富贵的家庭待人接物应该宽容、仁厚，如果猜忌刻薄，担心别人超过自己，那么虽是富贵之家，他的行径却和贫贱之人并无两样，这样如何能享受长久的幸福生活呢？聪明的人应该谦虚有礼，掩藏自己的聪明才智，如果到处张扬夸耀，那么他的言行就跟愚蠢无知的人一样，他的事业又如何能不失败呢？

※评析

助人之所以快乐，乃是因为它能使人肯定存在的意义。当然，帮助人不仅止于金钱方面，也包括精神上的鼓励等。家境富裕的生活不虞匮乏，较之为三餐温饱疲于奔命的贫穷人家，的确能贡献更大的力量来帮助他人。

不过，有心助人也不能一厢情愿，还必须考虑对方的需要。再者，做人如果都只着眼于利益，处处提防他人侵犯自己的利益，必将因精神生活匮乏而无法获得充实感。尤其富贵之家，如果待人猜忌刻薄，不但自己终日处于不安的状态，还会被人说成是“为富不仁”。至于聪明人，应该懂得敛藏，否则到处夸耀自己的才干，也只会令人反感。

欲沸寒潭　虚凉酷暑

※原文

欲其中者，波沸寒潭，山林不见其寂；虚其中者，凉生酷暑，朝市不知其喧。

※译文

心中充满欲望的人，即使是寒冷的深潭也会掀起沸腾的波涛，即使身居山林也体会不到它的宁静。心中没有欲望的人，即使在酷热的夏天也能感觉到丝丝清凉，即使身处闹市也不会感到喧闹。

※评析

心中充满欲望的人，即使隐逸山野也会使山野失去宁静，心头的欲火不除，世界上就不存在清静的乐土。内心空灵无欲的人，早已放下世事繁华，心如止水，即使身处闹市酷暑，依然波澜不惊。世间没有一个地方无利可争，也没有一种利不能放下，关键看人。身处山林和闹市都无关紧要，山林中也不免有趋炎附势之人，而市井中也不乏品行高尚之人。能放下的人不必隐逸山林已是高士，放不下的即使矫揉造作也终究是个俗胎。雅生俗中，俗世自是净土；俗生雅中，雅士皆为俗人。

其实，欲望与虚静只不过是人心中的一种念头，一念之差便成天壤之别，能否放下只能靠自己。

多心招祸　少事为福

※原文

福莫福于少事，祸莫祸于多心。惟苦事者，方知少事之为福；惟平心者，始知多心之为祸。

※译文

人生最大的幸福莫过于没有烦心的琐事，而最大的灾祸莫过于多疑猜忌。只有那些整日奔波劳碌的人，才知道无事一身轻的幸福；也只有心境宁静平和的人，才能理解多疑猜忌的祸害。

※评析

每个人都有为别人担心的经历，那种忐忑不安的感觉非常折磨人，在那个时候，相信心里所求的就只是希望对方平安无事。

由此可知，人生的最大幸福，莫过于没有烦心的琐事。此外，人与人的相处，最大的不幸是彼此有了猜忌。因为人一旦多心，互信的基础便随之消弭于无形，此时别人一句无心的话，或无意的眼神，对你来说都是别有意图的，甚至让你觉得充满挑衅，结果不是不欢而散，就是势成水火。

其实，一个人如果心胸坦荡，根本无须怀疑别人是否对自己有不利的言行，因为“清者自清，浊者自浊”，做人但求俯仰无愧，何必自寻烦恼？

清冷凉薄　和气福厚

※原文

天地之气，暖则生，寒则杀。故性气清冷者，受享亦凉薄。惟和气热心之人，其福亦厚，其泽亦长。

※译文

大自然的气候变化多端，温暖的时候就繁殖万物，寒冷的时候就令万物生机尽失。做人的道理也和大自然一样，一个性情高傲冷漠的人，所得到的福分比较淡薄。而性情温和而又乐于助人的人，他所得到的回报不但多，福泽也绵长久远。

※评析

人与人之间亲疏与否，绝大部分取决于人与人相处时的姿态。有些人姿态甚高，总是一副高高在上的模样，与他相处，不但要随时注意他的情绪反应，还要谨言慎行，以免不小心触犯了他。这些大都是放不下的人，如放得下，自然一切都可笑脸相迎。

或许，性情高傲冷漠的他，其实拥有满腔热情，但那犹如结上千年寒霜的冷峻外表，每每令人望而却步。另外有一种人，脸上总是挂着笑意，十分合群，待人又诚恳，这样的人从不缺朋友，大家都喜欢与他亲近。之所以如此，道理很简单，因为朋友是平起平坐的，没有人希望维系友谊需要看人脸色，除非别有目的。

羡达人旷　笑俗士迷

※原文

笙歌正浓处，便自拂衣长往，羡达人撒手悬崖；更漏已残时，犹然夜行不休，笑俗士沉身苦海。

※译文

当轻歌曼舞、兴味正浓的时候，能够毫不留恋地拂衣离去，真羡慕这种豁达的人，即使手攀住悬崖峭壁时，他们也敢放开；夜深人静的时候，仍然有人在忙碌奔走，这种沉沦人生苦海的俗人真是让人觉得可笑啊。

※评析

人世苦海，清醒之人能及早抽身，一任歌舞正浓而毫不留恋；沉迷之人虽死不悟，庸庸碌碌、昼夜不息却不知所为何事。悬崖撒手、苦海离身，说的是去意坚决、一念成仁，正所谓放下屠刀，立地成佛。不分昼夜奔走忙碌，碌碌无为的人往往缺少理智，好像老牛负重般在苦海挣扎，永无休止。

旷达之人能够自在逍遥，是因为他们看透世间人情，自然能够笑看风云；庸碌之人疲于奔命却无快乐可言，是因为他们把一切都看得太重，见到什么都往身上扛，自然难逃苦海。

人生重结果　种田看收成

※原文

声妓晚景从良，一世之烟花无碍；贞妇白头失守，半生之清苦俱非。语云："看人只看后半截。"真名言也。

※译文

风尘女子在晚年时如果能嫁人从良，那么她以前放荡淫乱的生活并不会对后来的正常生活构成妨害；反之，一个坚守贞操的节妇，如果晚年因为耐不住寂寞而失身的话，那么她半生守寡所受的苦就都白费了。所以俗话说："评定一个人的功过得失，必须看后半生的晚节。"这真是一句至理名言。

※评析

俗话说"善始者不如善终"，此话固然是在教人要保全晚节，同时也鼓励一时犯错的人要及早回头，如果能痛下决心重新做人，不管他们曾经如何堕落，世人都会原谅且接受他们。可见一个人的晚节实在重要，人的一生要盖棺才能定论。青少年时，你难以评价他，一切还只是开始，什么都可能改变，浪子回头、天使沦落都是常有的事。只要你还生活在这个世界上，一切就都还没有定论，不管你今天如何，当太阳再次升起时，一切都可能改变。善者不能松懈，恶者更不可自甘堕落，关键在于明天。

推己及人　方便法门

※原文

人之际遇，有齐有不齐，而能使己独齐乎？己之情理，有顺有不顺，而能使人皆顺乎？以此相观对治，亦是一方便法门。

※译文

每个人的机运各不相同，机运好的得以一展抱负，机运差的则一事无成，在这种情况下，自己又如何能要求特别的待遇呢？每个人的情绪也各有不同，有稳定的时候，也有浮躁的时候，又如何能要求别人事事都配合自己呢？就此道理来对照修正，也是一条方便修行所必经的途径。

※评析

所谓“人生不如意事十之八九”，不可能事事都尽如人意！人生的境遇各不相同，有人拥有财富却健康状况不佳，有人鹣鲽情深却苦无子嗣，有人儿女成群却家境贫困。这不公平吗？其实无所谓公平不公平，如果能坦然接受现状，即使一无所有，也不会发出不平之鸣；反之，只着眼于自己所没有的部分，就会觉得命运多舛。

事实上，上天对人都是一视同仁的，人类所企求的健康、财富、名利、地位很难有一个人全部得到。所以，人应珍视自己所拥有的，多去同情别人所失去的、缺乏的。若能如此看待处境，便会发现原来自己拥有了很多别人所没有的幸福。

崇俭养廉　守拙全真

※原文

奢者富而不足，何如俭者贫而有余？能者劳而府怨，何如拙者逸而全真？

※译文

生活奢侈的人无论有多少财富都不会感到满足，还不如生活俭朴的人虽贫穷却有余裕；有才干的人辛劳谋事，却又怨谤集身，还不如生性愚鲁的人生活安闲又能保全纯真本性。

※评析

一个人如果挥霍无度，再多的财富也无法满足他；反之，一个生活节俭的人，平日都能量入为出，所以常有余裕，所谓“奢者心常贫，俭者心常富”最能说明这个道理。由此可见，人的欲望有如无底深渊，富而非不足，乃富而不知足是也！如果欲求不满，为图享受不惜散尽千金，这样无止境地挥霍，就算金山银山也有用光的一天。

与其如此，还不如生活俭约的人，虽然不富有，但因为物欲不高，所以能够细水长流，从不会感到不足。从这点来看，究竟谁富谁贫，答案已是昭然若揭。

尘世苦海　心自尘苦

※原文

世人为荣利缠缚，动曰尘世苦海。不知云白山青，川行石立，花迎鸟笑，谷答樵讴，世亦不尘，海亦不苦，彼自尘苦其心尔。

※译文

世俗的人因为被荣华利禄所束缚，所以动不动就说："滚滚红尘是茫茫苦海。"却不知云淡风轻、山色葱翠、川流不息、山石林立、山花迎着鸟鸣微笑、山谷回响樵夫歌唱。尘世其实并非都是尘俗之地，人间也并非处处苦海，只是世人把自己的心灵陷在尘俗和苦海中罢了。

※评析

"苦海无边，回头是岸。""尘世苦海"通常都是世人自找的，既知是苦海却不肯回头，那就更是执迷不悟了。世人因为耽于名利，而不肯苦海抽身，那只是因为他们害怕一旦上岸便会一无所有。荣利缠身而欲罢不能使他们感到这世界失去了色彩、苦不堪言。其实山川依旧，景色依然，只是苦海渡者无暇顾及；同样地，世间亦没有什么苦乐可言，一切皆由心生，要名利还是要快乐，就要看人们如何选择，贪心的人往往两者全选，而结果却是什么都得不到。

冷眼视之　冷情当之

※原文

权贵龙骧，英雄虎战，以冷眼视之，如蚁聚膻，如蝇竞血；是非蜂起，得失猬兴，以冷情当之，如冶化金，如汤消雪。

※译文

豪权贵胄如腾龙飞舞一般显示自己的威风，英雄豪杰像猛虎恶斗一样显示自己的勇猛。用冷静的眼光看待这些，就如同蚂蚁聚集在腥肉上争食、苍蝇们争着吸血一样；是是非非好像群蜂乱舞一般纷繁，成败得失像刺猬的刺一样密集。用冷静的头脑来应付这些，就像熔炉冶炼金属、热水融化冰雪一样简单。

※评析

如果人类知道自己争名逐利的行为，如同“蚁聚膻”“蝇竞血”那样令人恶心与不齿，还会不会像现在这般争执不休？人类总是认为自己很伟大，是有智慧的生物，不可与那些茹毛饮血的禽兽相提并论，但是却并没有反省一下自己是否真正摆脱了那些兽性。狼的凶狠、鳄鱼的虚伪、狐狸的狡猾、猪的愚蠢、熊的蛮横，在人的身上都不难发现。眼花缭乱的名利是非，纷纭错杂的成败得失，哪一样不令人心浮气躁，又有哪一样不使人牵肠挂肚？

说到底，还是世人看不穿，若能看穿，心头早已冰雪消融、阳光灿烂了！

世态变化无极　万事必须达观

※原文

人情世态，倏忽万端，不宜太过认真。尧夫云：“昔日所云我，而今却是伊。不知今日我，又属后来谁。”人常作是观，便可解却胸中挂矣。

※译文

人情的冷暖，世态的炎凉，是变幻莫测的，不应该看得太过认真。邵尧夫说：“昨天所说的那个我，今天却已经变成了他，不知道今天的我，明天又会变成谁。”人如果能常做这样的思考，就可以消除心中的许多牵挂了。

※评析

人世间什么是永恒不变的？答案是没有！就像我们不能奢望每天都阳光灿烂，就像我们不能奢望生活永远万事如意。那些只是我们的美好愿望。所以，做人不应太执着，否则就容易钻牛角尖，痛苦是必然的！

生活充满了无数的玄机，随时都有变化的可能。人生要面对太多的不可预知，即使是对自身也无法完全掌握。昨天的我今天却变成了他，不知道今天的我明天又会变成谁。谁是你的翻云覆雨手，你又是谁的翻云覆雨手？未来既然无法预知，那又何必非要预知？人生变化无常，但有变化才会有转机！只要心胸开了，一切也就随之淡了，又何必自寻烦恼呢？

人有贵贱　心无二致

※原文

烈士让千乘，贪夫争一文，人品星渊也，而好名不殊好利；天子营家国，乞人号饔飧，位分霄壤也，而焦思何异焦声。

※译文

壮怀豪放之士可以把一个千乘之国拱手让人，贪婪吝啬之徒却为蝇头小利争夺不休，二者在人格上有天壤之别，但壮士好名与贪夫好利的心理没有什么不同；天子治理国家，乞丐哀声要饭，二者的地位有天壤之别，但天子的苦思之苦与乞人的苦熬之苦，并没有什么本质的差别。

※评析

人们往往尊烈士卑贪夫，只因为烈士能让千乘之国而眉头不皱，贪夫为争蝇头小利而头破血流。乍看之下，二者在品质上有天壤之别，只是在烈士耀眼的光环反射下人们忽略了掩藏其中的贪名的本心。所谓“欲有尊卑，贪无二致”。每个人的地位不同，面临的矛盾就不一样。一个为一日三餐而忙碌的乞丐，是无暇去考虑也想象不到一个皇帝每顿饭的菜谱；而一个皇帝整日处心积虑，日理万机，同样没有时间去体会一个乞丐的贫苦感受。贫富有差距，但忙碌和痛苦都是一样的。

人各有志，人各有欲，人各有忧。只有去掉心中的杂念，保持心态的平衡，才能无忧无虑。

中和为福　偏激为灾

※原文

燥性者火炽，遇物则焚；寡恩者冰清，逢物必杀；凝滞固执者，如死水腐木，生机已绝。俱难建功业而延福祉。

※译文

性情急躁的人，就如同烈火一般，凡是跟他接触的人和物都会被焚烧；性情刻薄而缺乏人情味的人，就如同冰雪一般，不论任何人、物和他接触都会被残害；性情古板而不能变通的人，就如同死水枯木一般，已经完全没有了生机。这些人都难以建立功业、造福民众。

※评析

每个人的性格皆不同，急躁、刻薄、古板等三种性情，表面上看起来截然不同，其实有一共通性，就是“不随和”。性情急躁的人常常说话不经思考，通常还不清楚事情的来龙去脉，就主观地先声夺人，与这样的人相处，常会被其疾言厉色伤得体无完肤，长时间下来，和他接触的人也不得不将自己变成“刺猬”。性情刻薄的人喜欢与人计较，当他觉得自己被亏待了，就会毫不留情地展开攻击，这样的人往往只看得见自己的需要，也只在乎自己的感受。至于性情古板的人，通常缺乏一颗体贴的心，原则也特别多，常使周围的人无所适从、身心疲惫。

这三种人普遍缺乏热情，又怎能寄望他们会做出有利于别人的事呢？

只畏伪君子　不怕真小人

※原文

君子而诈善，无异小人之肆恶；君子而改节，不及小人之自新。

※译文

一个道貌岸然的君子如果虚伪行善，他的行径就和恣意为恶的小人没有什么两样；一个君子如果因受到引诱而改变自己所持守的志节，他的品格还不如一个痛改前非而重新做人的小人。

※评析

社会上道貌岸然的伪君子何其多！这些人满口仁义道德，其实心怀鬼胎，利用人们对自己的信任和尊敬来遂其所愿，其危害程度远甚于肆无忌惮为恶的小人。例如装神弄鬼之人，通常利用人们对神佛的敬畏，以及相信自己具有上达天庭的能力，而对信众予取予求、中饱私囊。

事实上，急人之苦难为假，敛财骗色才是真。可叹的是，这类事件却一再上演，人们似乎永远无法从中获得教训。我们在责备伪君子欺世盗名的同时，是否更应反省一下自身的愚昧无知？

君子以勤俭立德　小人以勤俭图利

※原文

勤者敏于德义，而世人借勤以济其贫；俭者淡于货利，而世人假俭以饰其吝。君子持身之符，反为小人营私之具矣，惜哉！

※译文

勤奋的人应该是在努力培养自己的道德和信义上下功夫，可是世俗的人却仅仅依靠勤奋来解决自己的贫穷；节俭的人应该是把金钱和利益看得很淡泊，可是世俗的人却偏偏假借节俭来掩饰自己的吝啬。勤奋和节俭本来是君子立身处世的标准，却反而成为市井小人用来营私利己的工具。真是可惜啊！

※评析

勤俭本来是美德，只不过如果被小人利用了，就不再高尚而变得虚伪卑劣了。对于那些不讲道义的人来说，最好的道德只不过是最好的工具。勤奋，到了思想狭隘、贪图小利者的手中便成了摆脱贫困的手段；节俭，到了贪婪吝啬、一毛不拔者的手中就成了掩饰悭吝的面具。高尚的人无法拒绝别人用世俗的想法去玷污自己心目中圣洁的事。只是，若想真正拥有勤俭的美德就必须放下心中的杂念，只有避免了利欲的骚扰与诱惑，才能使自己的品德得到提高。至于那些拿美德粉饰自己的人，我们不必去管他，终有一天他会原形毕露。

信人示己之诚　疑人显己之诈

※原文

信人者，人未必尽诚，己则独诚矣；疑人者，人未必皆诈，己则先诈矣。

※译文

信任别人的人，别人未必都会以诚相待，但至少表明你自己是诚实的；猜忌别人的人，别人未必都对你狡诈虚伪，但至少说明你自己是狡诈的。

※评析

对别人以诚相待，可能不一定收到别人同等的回报，但是起码你自己问心无愧，表现出一种坦荡的君子风范。对任何人都持怀疑的态度，即使别人很真诚也不领情，此等心胸与小人无异，况且自己也累。所谓“君子坦荡荡，小人长戚戚”就是如此吧！疑人不用，用人不疑。疑神疑鬼，不信任别人的人是做不成大事的。尤其是一个有雄心创造大业的人，在待人接物上必须出自真诚，这样才能使大家精诚合作。诚信是立身做人的传统原则之一，真诚待人终究会感动别人。也唯有诚信才能使自己的事业和人生更加一帆风顺。

机动者杯弓蛇影　念息者触处真机

※原文

机动的，弓影疑为蛇蝎，寝石视为伏虎，此中浑是杀气；念息的，石虎可作海鸥，蛙声可当鼓吹，触处俱见真机。

※译文

好动心机的人，常把杯中看到的弓影当作是蛇蝎，把草丛中的卧石看成隐藏其间的老虎，心中到处都是危险的杀机。心平气和的人，可以把石虎看作海鸥，把嘈杂的蛙鸣当作和谐的鼓乐，处处都能看到生命的真正机趣。

※评析

“疑心生暗鬼”，疑心太重的人往往心胸狭隘或者常常心存歹意。因为时时想陷害别人的人，总是害怕被别人陷害；常常想欺骗别人的人，才会害怕被别人欺骗。其实根本就是“天下本无事，庸人自扰之”。胸怀坦荡的人不会去管身边的恩恩怨怨，志向远大的人也无暇理会琐碎的是是非非。只有心胸狭隘之人才会疑神疑鬼，使简单的人际关系变得纷繁芜杂，自己也身陷其中不可自拔，这又是何苦！

更何况，坦荡的胸襟如天朗气清能悦人心性；而猜忌的心理如乌云蔽日使心扉阴暗。同时，每天处于挖空心思的焦虑状态会导致食不甘味、心力交瘁，后果不言而喻。

自得之士　自适之天

※原文

嗜寂者，观白云幽石而通玄；趋荣者，见清歌妙舞而忘倦。唯自得之士，无喧寂，无荣枯，无往非自适之天。

※译文

喜欢安静的人，看到空中的白云和山中的幽石才能进入幽玄之境；追逐荣华富贵的人，面对悦耳的歌声和曼妙的舞姿便会不知疲倦。只有那些自得其乐的高人，无所谓喧闹冷寂，无所谓繁华衰败，无时无处不是他逍遥自在、怡然自得的天地。

※评析

对于世俗之人来讲，似乎每个人的快乐都必须有所凭借。喜爱清静的人要依靠清静的环境、清空的事物，才能体会到内心的宁静；喜欢享乐的人的快乐凭借着轻歌曼舞，没有这些就兴味索然。但一个在道德上圆满的人并不需要这些。他的内心就是快乐的源泉，他可以自给自足，无须外求。这样的人追求的是一种悠然自得的雅趣。凡事都不受任何外物的影响，没有喧嚣寂寞的分别，也没有荣华衰枯的差异，他们永远能悠然自适于天地之间。放弃了名利之心又何必强求环境的喧静，抛却了荣辱是非就不必在意人间的毁誉。心是快乐的，人生便处处都是快乐的。

饱谙世味慵开眼　会尽人情只点头

※原文

饱谙世味，一任覆雨翻云，总慵开眼；会尽人情，随教呼牛唤马，只是点头。

※译文

饱尝人间酸甜苦辣的人，任凭世事反复、变化无常，总是懒得睁开眼睛看看；看透人情冷暖、世态炎凉的人，随便你像喊牛马一样叫他，他也只管点头称是。

※评析

尝尽人生百味的人，什么都经历过，覆雨翻云于他而言早已习以为常，睁不睁眼又有什么区别？饱经世间风霜的人，什么荣辱都遭遇过，呼牛唤马对他来说不过是个称呼，随你怎么喊、以什么态度喊他都会点头称是。归结于一条，就是淡然处世，冷眼观世。敬不为荣，唾不为辱，一切不必放在心上。对于一个把什么都放下、都看开的智者而言，你又能拿什么去打动他呢？

我们的灵魂深处其实都住着一位智者，只是我们心中太多的欲望和杂念将他深埋住了。只有等到我们把心头这些纷繁的东西看破了，清理干净了，他才会端坐于我们面前，与我们谈笑风生。

鸣其天机　畅其生意

※原文

人情听莺啼则喜，闻蛙鸣则厌，见花则思培之，遇草则欲去之，俱是以形气用事。若以性天视之，何者非自鸣其天机，非自畅其生意也？

※译文

世人按照常情，听到莺啼就高兴，听到蛙鸣就生厌，见到鲜花就想培植它，看见野草就想拔除掉，这都是根据它们的外表来决定自己的好恶。但如果从天性自然来看，有哪一种动物不是按照自己的天性来鸣叫，又有哪一种植物不是按照自身的本来面目在展现生机呢？

※评析

每一种生物都有自己的生存方式。人类用自己的狭隘给自然涂上不属于自己的颜色。喜鹊名中有喜，声中含喜，登梅则是喜上眉梢，临门则喜从天降，处处洋溢着喜气；乌鸦就可怜了，"夕阳一片寒鸦外""枯藤、老树、昏鸦"，乌鸦总是脱离不了衰败的景象，好事似乎与它无关，受到冷遇是自然的了。生活方式、行为天性的不同，使万物灵长对它们划出了高低贵贱，人类根据自己的好恶来决定其他生物的命运，这似乎有失公允。

自然界本来就是一个生生不息的大家庭，人类作为家长如果不能做到天人合一、宽怀包容，总有一天会导致它的分崩离析，自己也终将无家可归！

放下屠刀　立地成佛

※原文

当怒火欲水正沸腾处，明明知得，又明明犯著。知的是谁？犯的又是谁？此处能猛然转念，邪魔便为真君矣。

※译文

当人怒火上升、欲念翻腾时，往往不能克制自己，明知不对，却偏去违犯。知道这个道理的是谁？明知故犯的又是谁？在此紧要关头，如果能转变念头，那么即使是邪恶的魔鬼也会变成仁德的君子。

※评析

人内心的邪念是魔鬼，当这股邪魔的力量胜过理智，人又不加以控制的时候，就会做出让自己懊悔不已的事。然而，如果能用理智和毅力加以适当控制，就能铲除心中的怒火和欲念，使邪恶的魔鬼变成仁慈的正神。其实，“怒火欲求”全在于人的一念之间，内心生起邪念时便是魔鬼，良知映现时便为圣神。

所以古人说：“一念之间可以使人成为圣贤，一念之间也可以使人成为盗贼。”因此，我们怎能不戒慎恐惧，好好地修身养性，使自己免于遭受心魔的荼毒呢？

君子之心　雨过天晴

※原文

霁日青天，倏变为迅雷震电；疾风怒雨，倏转为朗月晴空。气机何当一毫凝滞？太虚何当一毫障塞？人心之体，亦当如是。

※译文

万里无云的晴空，会突然电闪雷鸣；狂风暴雨的天气，会突然皓月当空、万里无云。可见主宰天气的大自然，一刻也没有停止过运行，而天体的运行又何曾发生过丝毫的阻碍？所以人的心性也应该像大自然一样。

※评析

宇宙中的行星多不胜数，但却能遵循各自的轨道运行不已。既然天都有道可循，人立身在天地之间，一定同样也有可以遵循的理法，只要万事顺其自然，便能生生不息。所以《易经》中说“天行健，君子以自强不息”，意要人效法天的自强不息。

一个人如果能具备自强不息的精神，即使会有难以意料的事情发生或遭遇灭顶之灾，也不能阻止其前进。正如天际中纵有流星陨落，对天体运行也不产生影响一样，对人际关系的亲疏也无须过分在意。如此，心性才能自然平和。

有识有力　魔鬼无踪

※原文

胜私制欲之功，有曰：识不早，力不易者；有曰：识得破，忍不过者。盖识是一颗照魔的明珠，力是一把斩魔的慧剑，两不可少也。

※译文

对于战胜私情和克制欲望的功夫，有些人说：是没有及时发现其害处，而且欠缺坚定的意志去控制；有些人则说：虽然能看清它的害处，却又抵挡不住诱惑。所以，人的智慧是一颗能照出邪恶的明珠，而意志力是一把能斩除邪魔的利剑，要想克制自己的欲念，智慧和意志力两者缺一不可。

※评析

自私自利是人类与生俱来的劣根性之一，其往往蒙蔽人的良知，让人一再做出损人利己的事。例如某些西方国家在选举期间，有的候选人为了赢得选举之战，不惜中伤对手。

人们总是很难克制私情私欲，特别是在利益当前之际，多半人都很难不为所动，所以俗谚说“人不为己，天诛地灭”，这句话贴切地表达了人性中自私贪婪的一面。当人着眼于利害关系时，就很容易产生计较心，并由此产生诸多纷争。而自私自利的危害可大可小，一个人如果过于自私或欲望太强，小则遭人排斥，大则自毁前程。

如何才能战胜私情、克制私欲呢？诚如作者所言，就只能凭借个人的智慧和坚定的意志力了。

过俭者吝啬　过让者卑曲

※原文

俭，美德也，过则为悭吝，为鄙啬，反伤雅道；让，懿行也，过则为足恭，为曲谨，多出机心。

※译文

俭朴是一种美德，但如果太过了就会流于为富不仁，成为斤斤计较的守财奴，反而会伤害到和朋友之间的往来；谦让本来也是一种美德，但如果太过了就会变成卑躬屈膝、处处谨慎小心的人，反而会让人有好用心机的感觉。

※评析

古有明训："君子以勤俭立德。"又说："俭者心常富。"由此可知，节俭自古以来就被视为美德，更是君子立身处世的一个原则。不过，君子的俭朴是合理的节用，并非贪而不舍。

换言之，君子对财富名利看得很淡，所以能够崇俭养廉。但世人的节俭往往变成吝啬，不舍得花用钱财，而对人对己百般刻薄，将钱与人的关系本末倒置，这不叫节俭，叫守财奴。另外，谦让是美德，但过分的话，就变成了谄媚，同样不合乎情理，反使人有虚伪和暗藏心机之感。所以孔子才说"巧言令色足恭"。可见，做人做事必须坚守中庸之道，否则过犹不及。

量宽福厚　器小禄薄

※原文

仁人心地宽舒，便福厚而庆长，事事成个宽舒气象；鄙夫念头迫促，便禄薄而泽短，事事得个迫促规模。

※译文

仁慈博爱的人心胸宽阔，所以能够福禄丰厚而且悠长，对任何事都表现出宽宏大度的气魄；浅薄无知的人心胸狭窄，所以福禄微薄而且短浅，对任何事都表现出短视近利的样子。

※评析

常言道"傻人有傻福"，傻人的心地憨直、性情纯真。反之，心地狡诈的小人好用心机，凡事只讲利害、不顾道义，为达目的不择手段，斤斤计较，损人利己。在现实社会中，比起善于钻营的小人，傻人总是任劳任怨，抱定吃亏是福的信念，但求尽其本分做事，不计个人得失。

或许小人能靠狡诈成功于一时，但因为他们凡事都只顾眼前而不计后果，所以得到的利禄往往是短暂的，转瞬即逝。而傻人即使没有建立伟大功业，但活得心安理得，踏实快乐，福泽也绵长。

存道心　消幻业

※原文

色欲火炽，而一念及病时，便兴似寒灰；名利饴甘，而一想到死地，便味如嚼蜡。故人常忧死虑病，亦可消幻业而长道心。

※译文

当色欲像火一般炽热之际，如果一想到疾病时的痛苦，兴致便会像已经冷却的灰炉一样；当名利的享受甜美如饴时，如果一想到死亡的结果，就会有如嚼蜡似的毫无滋味。所以，人们如果常常忧虑疾病和死亡，也可以消除罪恶而增长义理之心。

※评析

孔子说："君子有三戒：少之时血气未定，戒之在色；及其壮也血气方刚，戒之在斗；及其老也血气既衰，戒之在得。"当欲念正炽盛之际，如果能三思而后行，就可以消除罪恶，提高修养。尤其最诱人之事物的背后，往往潜藏着最大的危机。

例如，现今之"先享受后付款"的消费形态，虽然信用卡的使用是时代趋势，然而许多持卡人却不知节制，结果刷得痛快，付得痛苦，直到被循环利息压得喘不过气来了，才懊恼自己怎么刷了这么多。如果持卡人在尽情享受不必付现的刷卡乐趣之前，能先想想这般毫无节制的可怕后果，相信就能克制"想要"购买物品的冲动，而将钱用在真正"需要"购买的物品上了。

万虑皆抛　一真自得

※原文

斗室中，万虑都捐，说甚画栋飞云，珠帘卷雨；三杯后，一真自得，唯知素琴横月，短笛吟风。

※译文

身居斗室之中，能够抛开所有的繁心杂念，还羡慕什么雕梁画栋、珠帘轻卷的华屋豪宅；三杯酒下肚之后，悟得人生真谛，便只知道在明月下抚琴，清风中吹笛了。

※评析

“斯是陋室，唯吾德馨”，身居斗室而自在从容，“无丝竹之乱耳，无案牍之劳形”“万虑都捐”的生活岂能不轻松快意？此时再看“画栋飞云，珠帘卷雨”又有什么值得羡慕的呢？因为我们原本以为安逸奢华的生活，却需要劳心劳力的奔波去支撑，辛苦是难免的。

有明月为伴，琴笛为乐，开怀畅饮，自然天趣尽收杯中，何不举杯邀月，与影共饮？其中妙趣只能意会不可言传。唯出红尘而不俗，出淤泥而不染者，才能体会此中真谛。也唯有在贫困状态下表现出高雅情趣的人，才是最有希望在事业上取得成功的人。因为，高尚的事业需要高尚的情操来开拓。

贪得者虽富亦贫　知足者虽贫亦富

※原文

贪得者分金恨不得玉，封公怨不授侯，权豪自甘乞丐；知足者藜羹旨于膏粱，布袍暖于狐貉，编民不让王公。

※译文

贪得无厌的人，有了金银却还怨恨得不到珠宝，封了公爵却还怨恨未拜侯爵，这种权豪无异于自甘沦为乞丐；知足的人，即使喝野菜汤也比吃山珍美味来得香甜，而穿布袍也比穿华贵的衣服还要感觉温暖，这样的平民实际上比王公贵族还要富足。

※评析

贪乃人性之一大痼疾，源于人对物质的强烈占有欲。人的欲望有如无底洞，诚如文中所说“分金恨不得玉，封公怨不受侯”，这似乎是人的通性，只有少数胸襟豁达的人才能领略知足常乐之理。其实，吃山珍海味和粗茶淡饭一样都能让人吃饱，穿粗布棉袍和狐袄貂裘也同样能让人保暖，只要基本的生活需求可以满足就已足够，又何苦得寸进尺，为满足物欲而费心伤神呢？人的能力有限，而欲望无穷，如何能争得万物呢？何不放下争物之心，致力于增进自己的德业，如此才能拥有真正富足的人生。

猛兽易伏　人心难制

※原文

眼看西晋之荆榛，犹矜白刃；身属北邙之狐兔，尚惜黄金。语云："猛兽易伏，人心难降；谿壑易填，人心难满。"信哉！

※译文

眼看西晋就要灭亡了，却还有一些达官贵人不知觉悟仍在那里自夸武器精良。人死后身体就要变成北邙山狐兔的食物了，又何必那样爱惜财物呢？古语说："野兽容易制服，而人心难以降伏；沟壑容易填平，而人心难以满足。"这句话真是道破了人性的真谛。

※评析

作者在文中引用的古语指出"人心难满"，事实上人性的无知和贪婪往往为人类自己带来苦难。

史书昭昭，记载着西晋亡国之际，当时的一些达官贵人还不知觉悟，依然争权夺利、自相残杀，至死不悟。每每在危急存亡之秋，人性中的善与恶都同时被激发出来——抗日战争期间，多少热血青年为了捍卫国土，响应号召，前仆后继投入到抗日战场，为拯救祖国的危亡抛头颅洒热血，以自己的生命换来民族的解放；但同时也有不少人恬不知耻，大发国难财，完全泯灭了良知，殊不知国破家何在？真是可悲之至。

彻见自性　不必谈禅

※原文

性天澄澈，即饥餐渴饮，无非康济身心；心地沉迷，纵谈禅演偈，总是播弄精魂。

※译文

天性澄明纯净的人，就是饿了吃饭、渴了饮水，总在调剂自己的身心；心中迷乱糊涂的人，纵然谈论禅理、解释偈语，也都是在浪费自己的精力。

※评析

人生的道理就在自己身上，不必刻意外求，也无须拘泥于形式。形式的东西只能证明你的身份，而无法显现你的本性与内涵。

所以，只要本性纯真，拥有一颗禅心，即使没有遁入空门、落发为僧，修行的功夫也不会不如出家修行者。反之，一个不能扫除物欲与杂念的人，六根不净，即使整天讨论佛理、研究禅学，也始终无法彻见自性，只是口头禅、心外佛，徒劳无功而已。因此，一个人只要能保有纯真本性，就会自见天机，根本无须借助外力来获得。

言者多不顾行　谈者未必真知

※原文

谈山林之乐者，未必真得山林之趣；厌名利之谈者，未必尽忘名利之情。

※译文

喜欢谈论山林隐居之乐的人，未必能真正领略到山林的乐趣；讨厌谈论功名利禄的人，未必是完全忘却了对名利的贪恋。

※评析

喜谈归隐者，未必真为清高之士。中国的古人有一个奇特的思维方式——归隐山林者多为智者高人。因此有许多希求功名者便以归隐作为跳板跻身士族之列。谈名利而色变的人，未必真是淡泊之人，淡泊之人无视名利存在，谈与不谈都与己无关。至于那些把钱财称为“阿堵物”“孔方兄”的人就更加可笑了。

因此，文未必真如其人，口是心非、心与口远隔千里者比比皆是。若真的爱慕名利，说出来又何妨，反而让人觉得坦诚；虚伪的人瞒得过人一时，瞒不过人一世，原形毕露反觉尴尬，何苦来哉！

生于自然　勿为世染

※原文

山肴不受世间灌溉，野禽不受世间豢养，其味皆香而且冽。吾人能不为世法所点染，其臭味不迥然别乎！

※译文

长于山间的植物不受世人的灌溉，生在野外的鸟兽不受世人的饲养，但它们的味道却都香醇鲜美。如果我们能不受世间世俗礼法的污染，那么气质就会和庸俗的人有很大的不同。

※评析

自然造化出来的东西总是带着扑鼻的芳香来到人们的面前，抛去了斧凿之功使它们显得那么纯粹与清新，让人不得不爱。淳朴的人也是一样，在他们面前我们会放下许多顾虑，感受到的是一种放松与亲切。因为他们没有受到世俗的污染，保持着一颗纯净的心灵。就好像大人们喜欢和小孩子一起玩耍，因为他们质朴、天真，想哭就哭、想笑就笑，喜欢就说喜欢、不喜欢也毫不掩饰。

后天的教育与社会的历练往往会使人们失去童真与质朴。尽管如此，我们不可能选择不去长大。而且，教育和社会可以提升我们的思想道德素养，只要我们的心灵能够抵制住诱惑，不受世俗的侵蚀，同样可以做一个纯粹的高品质的人。

好利者害显而浅　好名者害隐而深

※原文

好利者，逸出于道义之外，其害显而浅；好名者，窜入于道义之中，其害隐而深。

※译文

一个贪图钱财的人，其所作所为超出道义之外，所造成的危害虽然明显但不深远；而一个贪图名誉的人，其所作所为往往隐藏在道义之中，所造成的危害虽然不明显却很深远。

※评析

贪财好利之人，往往为达目的不择手段，道义于他们而言只是形同虚设。然而这种损人利己的不良品质，世人有目共睹，有阅历或有智慧的人都知道去避免或制止它。因此它虽然看起来气势汹汹，但给世人带来的伤害却是有限的。而欺世盗名、沽名钓誉的伪君子却用了所有的美德做面具，他们表面上是道义的典范，事实上却在道义的外衣下做着见不得人的勾当。道义的掩护使人们对其难辨真伪，常常难以防范；而且好名之人为恶比好利之人更大胆，因为他们自以为无私，造成的危害却又是难以避免的。

慈悲之心　生生之机

※原文

为鼠常留饭，怜蛾不点灯，古人此等念头，是吾人一点生生之机。无此，便所为土木形骸而已。

※译文

为了不让老鼠饿死而经常留一点饭，因为担心飞蛾扑火而尽量避免点灯，古人这样的想法，正是我们人类得以生生不息的契机。如果没有这种心怀，人也就和泥土、树木没有什么区别了。

※评析

心存善念是人类和万物得以生生不息的契机。为老鼠留饭，为飞蛾灭灯，古人对动物尚且如此，何况人乎？做人是要有慈悲之心的，如果人人都铁石心肠，那么我们的世界就会处于一片寒冷荒芜的沙漠，生存也将失去意义。“为鼠常留饭，怜蛾不点灯”，未必是真的让人给老鼠留饭，也不是让人不去点灯，而是劝人为人处世要怀有一颗同情弱者的慈悲之心。无论是待人接物还是治家睦邻，有一点慈悲，将会使人如沐春风，通体舒畅。

勿为欲情所系　便与本体相合

※原文

心体便是天体。一念之喜，景星庆云；一念之怒，震雷暴雨；一念之慈，和风甘露；一念之严，烈日秋霜。何者少得，只要随起随灭，廓然无碍，便与太虚同体。

※译文

人的身心是和自然宇宙相同的本体。一个喜悦的念头闪过时，就好像天空出现了吉星祥云；一个愤怒的念头出现时，就好像是突然来了一场雷霆疾雨；一个慈悲的念头浮出时，就好像是滋润万物的和风细雨；一个严酷的念头划过时，就好像烈日灼人寒霜打叶。哪一种情绪少得了呢？但只要这些情绪能随时产生又随时消失，如同宇宙一样宽广没有阻碍，就可以和天地同为一体了。

※评析

人心便是宇宙，喜怒哀乐如同风雨雷电是无法改变的自然天性。它会顷刻间电闪雷鸣，转眼间却又阳光灿烂；一时间寒风严霜，不期然又春风化雨。所有的情绪都在瞬息万变，只有让它自然发泄，没有积郁，人才能像大自然风调雨顺一样，通体舒畅。

然而发泄也应该是有限度、有节制的，无休止的急风暴雨会造成洪涝之灾，长时间的寒风严霜会冰封万物。恶劣的情绪来得快、去得也要快，这样对人对己才不会造成伤害。风和日丽的好天气是人们所共同钟爱的，人的心态也只有归于自然才能生机无限。

趋炎附势　人情之常

※原文

饥则附，饱则扬，燠则趋，寒则弃，人情通患也。

※译文

饥饿贫困时就去投靠人家，丰衣足食后便扬长而去，看到人家炙手可热就去巴结逢迎，遇到人家落魄贫寒便厌弃不顾，这些都是人情世态的通病。

※评析

嫌贫爱富、趋炎附势，人之常情，世之通病，古今都是如此。其实这也怨不得世人，背靠大树好乘凉，树倒自然猢狲散，都是本性使然。金钱驱动下的人际关系很难有真情流露，经济杠杆成了人际交往的法则。但这种法则毕竟是与人伦情感背道而驰的，人们在感叹世态炎凉的同时发出了这一信号，人们在无奈中盼望一种真诚。因为人类已经意识到长期处于感情的沙漠，最终总要面临死亡的威胁。只是沙漠中的绿洲似乎越来越小，如果人们只是冷眼旁观而不懂得植树造林，那它迟早会有枯竭的一天！

人乃天地之缩图　天地乃人之父母

※原文

吾身一小天地也，使喜怒不愆，好恶有则，便是燮理的功夫；天地一大父母也，使民无怨咨，物无氛疹，亦是敦睦的气象。

※译文

我们的身体就像是一个小世界，假如能够做到让自己的喜怒不超出一定范围，好恶遵守一定的法则，便是做人的一种协调本领；自然界就像是人类更大的父母，假如能够使黎民没有怨恨和慨叹，使万物没有疾病与灾害，就能够呈现出一片祥瑞和睦的景象。

※评析

“一花一世界，一树一菩提。”人也是一样，天人本为一体，一个人同样是一个小天地。喜怒哀乐如同风雨雷电，为人处世无论在举止言辞上还是在情感观念上，都要有一个准则，不逾矩、不失范，方能风调雨顺。人的喜怒哀乐如同自然界的四时更替也呈规律性的变化，不能调节自己的情绪，于人于己都不是好事。喜怒无常的人是可怕的，因为他充满了不稳定性，人们无法摸清他的脾气，只有敬而远之。而他自己也因为不能自控常常处于急风暴雨之中，不仅会因此伤害别人，还会使自己的人际关系一团糟，不仅影响事业的发展，对自己的身心健康更没有什么好处。只有随时能调和自己心态的人，才能保持心境平和、心情舒畅。

富贵而恣势并权　乃自取灭亡之道

※原文

生长富贵丛中的，嗜欲如猛火，权势似烈焰。若不带些清冷气味，其火焰不至焚人，必将自烁矣。

※译文

生长在富豪权贵的家庭之中，对物欲的贪念如同熊熊的猛火，对权势的欲望好似炽热的烈焰。如果不加点清凉的气息予以调和，那么强烈的欲火即使焚烧不到别人，也一定会把自己灼伤。

※评析

“无限风光在险峰”，在权力与财富堆砌的高峰上，不仅可以抬眼便是满目的风光，更能受到世人的艳羡与仰望。于是便洋洋得意、手舞足蹈，甚至因为贪恋美景伸手要去拨开挡在眼前的浮云，但忘了脚下便是万丈深渊，一不小心就会万劫不复。此时，财富便成了恶魔，优越变成了悲哀。

生活在富贵中的人们切忌得意忘形、贪得无厌。胸中的欲火不灭，最终会引火自焚。清风徐来时清醒自己的头脑，看透眼前的浮华，保持身心的平衡才能常立于险峰之巅。

善人和气　凶人杀机

※原文

善人无论作用安详，即梦寐神魂，无非和气；凶人无论行事狠戾，即声音笑语，浑是杀机。

※译文

善良的人无论言谈举止都表现得很安详，即使在睡梦之中，神态上也都是冲和之气；凶残的人无论做事为人都透出狠毒暴戾，即使在欢声笑语之中，也充满了阴森的杀气。

※评析

善良与邪恶都是一种内在的气质，它是由内而外散发出来的，装是装不像的。一个内心邪恶的人，无论外表表现得多么憨厚淳朴、楚楚可怜，也掩饰不了从他心底散发出来的杀气。狼的身上无论披上多么洁白的羊皮，也无法掩藏其眼中凶残的寒光。魔鬼的身上长不出天使的翅膀。想改善自己的外在气质，必先改变自己的内心。人是一个有机的整体，外在言行都是心的外现，心不正而求形正，如同水中捞月般不切实际。想要有一个和善的外表，就必须有一颗和善的心灵，离恶向善才是为人处世的至理。

守正安分　远祸之道

※原文

趋炎附势之祸，甚惨亦甚速；栖恬守逸之味，最淡亦最长。

※译文

攀附权贵者所招致的祸害，往往悲惨且快速；安于恬淡而安逸的趣味，最平淡也最长久。

※评析

雨势强劲的雷阵雨，往往下几个钟头就会停，而细雨却能连下数日，甚至数月，一如范仲淹在《岳阳楼记》中所述“霪雨霏霏，连月不开”。趋炎附势者因依附权势所得之荣华富贵，就如同雷阵雨般来得快，去得也快，其祸既惨又速。

只有不贪求名利、不趋炎附势的人，才能过着既悠闲又快乐的生活。一个贪慕虚荣的人始终是最大的输家，其用最珍贵的人格与尊严来换取昙花一现的荣华富贵，自投于危机重重的罗网之中；反之，安于恬淡的人，宁为清贫不为浊富，始终坚守其俯仰无愧的人格，所以任何可能损伤生命的祸事都不会上身，日子过得既悠闲又快乐。

人我同仁　动静同忘

※原文

喜寂厌喧者，往往避人以求静，不知意在无人便成我相，心著于静便是动根，如何到得人我一视、动静两忘的境界？

※译文

喜欢寂静而讨厌喧嚣的人，常常以躲避人群来求得安静，却不懂得有意避开人群就是执着于自我，内心执着于安静就是躁动的根源。这怎么可能做到将自我与他人一视同仁，而达到将寂静与喧嚣一同忘却的境界呢？

※评析

内心蠢蠢欲动的人才常常需要幽静的环境加以调试。因此，好静者未必是真静者，内心真正平静的人即使在喧嚣纷杂的环境中依然能够保持泰然自若的心境。求得内心的宁静在于心，环境只是其次。假如不能忘却俗世纷繁，就算环境再宁静，内心仍然繁杂。静中求静是身静，动中亦静才是心静。真正的清静是求不得的，求静只能说明你的动根太重，结果只能是越求越远。如果把动静都忘却了，不去想到底是动还是静，那么心中也就自然平静了。

酝酿和气 昭垂清芬

※原文

一念慈祥，可以酝酿两间和气；寸心洁白，可以昭垂百代清芬。

※译文

心怀慈悲的念头，就可以使天地间充满祥和之气；心地纯洁清白，就可以使自己的美名流芳百世。

※评析

俗语说“与人方便，自己方便”，有时候人的一念之慈往往会使一件棘手的事情变得海阔天空。而心灵的高洁，即使历经百年沧桑，不仅不会因此失色，反而会历久弥香。君子以天地自然为道，为人处世持的是天地之间的浩然正气，待人接物亦以慈悲宽容为怀。如果人人都能达到这种境界，那么人和人之间哪里还有什么猜疑与嫉妒呢？心地纯洁，为人处世就不会有作恶的念头。一个正直、公正忠诚的人，不仅能博得世人的尊敬，还能以自己的人格魅力感化众生，流芳千古。

人情冷暖 世态炎凉

※原文

我贵而人奉之，奉此峨冠大带也；我贱而人侮之，侮此布衣草履也。然则原非奉我，我胡为喜？原非侮我，我胡为怒？

※译文

我有权有势的时候人们就奉承我，其实是奉承我的官位和纱帽；我贫贱穷苦的时候人们就鄙视我，其实是鄙视我的布衣和草鞋。可见人们根本不是奉承我，我为什么要高兴呢？也根本不是鄙视我，我又为什么要生气呢？

※评析

常言道“贫居闹市无人问，富在深山有远亲”，两句话道尽人情的冷暖。想来可悲，人们竟然是以权势、财富来评断生命存在的意义与价值。“这人很了不起，他事业成功，赚了很多钱”，相信大部分人都听过不下百次这类的描述，在这类描述中突显了世俗的价值观：有钱才能受到肯定。正因如此，一般人喜欢趋炎附势，认为只要能攀上有权有势的富豪权贵，自己的身价也会跟着水涨船高。而有许多富豪权贵，也陶醉于人们的奉承之中，已经看不清人们奉承的其实是他的功名利禄而已。

凡事当留余地　五分便无殃悔

※原文

爽口之味，皆烂肠腐骨之药，五分便无殃；快心之事，悉败身丧德之媒，五分便无悔。

※译文

可口的山珍海味，吃多了便成为伤害肠胃、有损健康的毒药，但如果控制在只吃五分饱就不会伤害身体；称心如意的好事，也往往是引人身败名裂的媒介，但如果保持在差强人意的限度上也就不至于懊悔。

※评析

可口的佳肴美馔，吃多了便不觉味美；治病的良药，服用过量也可能成为致命毒药。近几年，自助餐厅如雨后春笋般开张，食客趋之若鹜。在美食面前，吃多吃少又各凭本事的情况下，很多人不顾一切地拼命多吃，直到饱胀到再塞不下任何东西了方才罢休。这样的吃法不仅毫无质量可言，更会危害健康。一个深明养生之道的人，绝对不会以这种方式来摧残自己的健康。同样，人在得意的时候也不可过于狂喜，否则也会损身败德。俗话说“乐极生悲”，人往往容易在得意忘形时发生意外，因此凡事当适可而止。

天福无欲之士　而祸避祸之人

※原文

贞士无心徼福，天即就无心处牖其衷；憸人着意避祸，天即就着意中夺其魄。可见天之机权最神，人之智巧何益？

※译文

一个志节坚贞的人，虽然并不刻意求得福祉，可是上天却在他无心之间引导他达成所欲成就的心愿；一个行为不正的人，虽然用尽心机逃避灾祸，可是上天却在他处心积虑避祸的同时剥夺他的精神气力，使他蒙受灾难。由此可知，天地气运的变化极其奥妙，实非人类平凡无奇的智慧所能及。

※评析

常言道“生死有命，富贵在天”，如果一个人的福分、富贵能由祈祷得到，那人们何须认真生活、努力工作？难道成天祈神降福，就能享尽幸福了吗？

有一则故事：有位少年喜欢骑快车，只要他一出门，他的母亲便开始担心，怕他发生意外。为求安心，母亲便到庙里祈求庇佑，并请求神明答应保佑自己的儿子，求得圣允后，便放心地回了家，心想再也不必担忧儿子的安全了。孰知没过几天，便接到电话通知，说她儿子因车速过快发生意外，已经身亡了。伤心难过的母亲无法接受这样的事实，更不能理解明明神佛都已答应庇佑儿子了，为什么还是发生意外？

心有不甘的母亲便来到庙里兴师问罪，得到的答案是：神佛的确也想尽心保佑少年，但少年的车速实在太快了，神佛根本追不上他。由此可见，尽管有神佛庇护，但自身若仍恣意妄为，福分依旧无法眷顾于你。

晴空可翔　莫学飞蛾

※原文

晴空朗月，何天不可翱翔，而飞蛾独投夜烛；清泉绿果，何物不可饮啄，而鸱枭偏嗜腐鼠。噫！世之不为飞蛾鸱枭者，几何人哉？

※译文

晴朗的夜空、皎洁的明月，到处都可以飞翔，而飞蛾偏偏要扑向黑夜的烛火；清澈的山泉、鲜绿的野果，都可以吃，而猫头鹰偏喜欢吃腐烂的老鼠。唉！人世间不做飞蛾、猫头鹰的又有几个人呢？

※评析

光明的东西很多，而飞蛾偏要独投夜烛自取灭亡；人间美味更多，而鸱枭却贪食腐鼠成滋味。这仅仅是出于它们天性的偏执，还是根本就是利欲的驱使使它们变得贪婪无知？其实人类自身又何尝不是如此？正所谓“天作孽犹可恕，自作孽不可活”。

人的许多痛苦和灾难往往不是命运的安排，而是自己主动找上门的。许多人无法抵御欲望的诱惑，其实他们很清楚贪得无厌和功名仕途将带来的祸患，只是身陷其中不能自拔，也不想自拔。他们纵容自己的欲望，明知苦海无边却不肯回头，任自己在其中沉沦乃至灭亡，实在是可悲可叹啊！

和气致祥　喜神多瑞

※原文

疾风怒雨，禽鸟戚戚；霁日风光，草木欣欣。可见天地不可一日无和气，人心不可一日无喜神。

※译文

在狂风暴雨中，鸟类都会感到忧虑害怕；如果风和日丽，即使是无心的花草树木也会欣欣向荣。从这些自然现象可以得知，天地之间不可以一日没有祥和之气，而人不可以一日没有欣喜乐观的心情。

※评析

有句话说“境随心转”，意思是说外在环境常随着人的心理状况而变化。欢喜的时候，会觉得身旁的事物充满生气；如果怒不可遏，就觉得一切事物都面目可憎；一旦抑郁悲伤，便觉得草木也为之含悲。

所以，一个终日忧虑悲观的人，将因缺乏斗志而使自己陷于逆境，不仅做事屡遭挫折，周围的人也不愿意长时间接受这种情绪垃圾，会渐渐不再同情他的感受，甚至逃避疏远他。

而一个乐观进取的人，面对再大的困难都不怨天尤人，只是尽其本分去做，和这样的人相处，会让人觉得希望无穷。若能长久地持有健康乐观的心态，所有的困难都会烟消云散，生活就会在无数个拐弯处柳暗花明。可见人应该经常保持开朗，无论处于顺境或逆境都应以平常心面对，如此才能拥有快乐的人生。

喜忧相生　顺逆一视

※原文

子生而母危，镪积而盗窥，何喜非忧也？贫可以节用，病可以保身，何忧非喜也？故达人当顺逆一视，而欣戚两忘。

※译文

孩子出生时会给母亲带来生命危险，财物的聚集会导致盗贼的窥视，这样看来，什么喜事不是伴随着忧患呢？贫穷能够使人懂得节俭，疾病可以使人学会养生，如此看来，什么忧患不能带来可喜之处呢？所以，通达的人对待顺境与逆境应该一视同仁，把快乐和悲伤一起忘记。

※评析

“福兮祸所伏，祸兮福所倚”，中国人很早就会用冷静辩证的观点看问题。事物是可以相互转化的。在一定条件下，福可以转为祸，忧可能转为喜。“塞翁失马，焉知非福？”作为一个通达的人，塞翁失马而不忧，得马而不喜，子坠马身残而不急，正是因为他懂得这个道理，才能心气平和，全家无忧。

顺境和逆境也是辩证的，人们在面对失败时没有必要垂头丧气，也许柳暗花明就在不远的前方。在面对成功时也大可不必得意忘形，青云直上的天梯难免有一脚踩空的时候。“顺逆一视”“不以物喜，不以己悲”，才能做一个通脱自在的人。

竹篱闻犬吠　芸窗听蝉吟

※原文

竹篱下，忽闻犬吠鸡鸣，恍似云中世界；芸窗中，雅听蝉吟鸦噪，方知静里乾坤。

※译文

站在竹篱笆下边，忽然听到狗吠鸡鸣之声，使人觉得仿佛置身于云中仙境；静坐书斋之中，悠闲地聆听蝉鸣鸦啼，才能领会到寂静中的另一番天地。

※评析

竹篱鸡鸣、柴门犬吠，乍闻之下仿佛到了世外仙境。人间繁华竞逐、喧闹纷扰，哪会有如此宁静恬淡的时光？因为系心于世俗争斗的人是听不见犬吠鸡鸣的。“蝉噪林愈静，鸟鸣山更幽。”有声方能现无声之静境，有诗书为伴更能感受静里乾坤。流连光景的人是体会不到自然的呼吸的。人世的繁华终比不上云外鸡鸣的恬淡，繁华的结局总是荒凉。无丝竹乱耳、有诗书相伴，山野躬耕、朴拙自然的生活才能品出人间真味。

当世之人虽不能比肩古人，但只要心远凡尘，亦能体会云中世界、静里乾坤的高妙。

心体要光明　念头勿暗昧

※原文

心体光明，暗室中有青天；念头暗昧，白日下有厉鬼。

※译文

一个人的心地如果光明磊落，即使处在黑暗的房间，也会像站在万里晴空之下；而一个人如果内心阴险，即使在光天化日之下，也会被厉鬼缠身。

※评析

人对外界现象的评价往往会附加主观看法，同样一件事情，乐观的人会朝积极方向思考，悲观的人则净往坏处想。所以，当杯里的水被喝掉一半的时候，乐观的人会庆幸还有半杯水可喝，悲观的人会哀叹只剩半杯水。

这些对外界现象的看法，其实正是自己内心的反照。进一步来说，一个内心充满善念的人，眼里所见的一切都是美好的，即使面对他人的恶意批评也无所畏惧；而内心邪恶的人时常怪罪他人、怀疑别人的用心，行事稍有不顺就怀疑有人从中作梗！

这种人时刻都提防着遭人算计，殊不知最大的敌人正是自己。他把所有认为会对自己不利的臆测，统统加诸在别人身上，于是终日紧张不安，受尽心魔的摧残。

去得吾心冰炭　便生满腔和气

※原文

天运之寒暑易避，人生之炎凉难除；人世之炎凉易除，吾心之冰炭难去。去得此中之冰炭，则满腔皆和气，自随地有春风矣。

※译文

自然变化所产生的严寒酷暑容易躲避，人生在世的世态炎凉却难以消除；人世间的世态炎凉容易消除，而人们心中恩怨情仇的杂念却难以去除。如果能去除心中恩怨情仇的杂念，那么心中便都是平和之气，自然到处都会有春风拂面了。

※评析

人生的许多灾难不是来自天灾，而是出于人祸，有些是别人强加的，而更多的却是由于自己的私心和欲望造成的。一把蒲扇就可赶走夏天的暑气，但有什么能驱赶人们内心对功名利禄的热衷？心中有了欲望就会去追逐，而追逐又往往是盲目的，难免掉入欲望的陷阱、爱恨的沼泽，于是恩怨情仇随之而来，纷争不断，心中岂会安宁？

所以，心魔不除，最后伤得最重的将会是我们自己。若想随地有春风，自己先需满腔和气；若要满腔皆和气，必然先去心中冰炭！

清静之门 淫邪渊薮

※原文

淫奔之妇矫而为尼，热中之人激而入道。清净之门，常为淫邪之渊薮也如此。

※译文

淫荡失节的女人，事与愿违时就假意去做尼姑；热衷功名利禄的人，常因一时意气用事而遁入空门。本应清净的佛门圣地，却往往成为淫邪聚集的藏污纳垢之地。

※评析

佛门本为清静圣洁之地，但是却偏偏成为一些乌合之众的避难所。这是在说明佛的慈悲，还是一种对圣洁的讽刺？清修于山林而为隐士，本是高雅之士所为，却成了求取功名者的取仕捷径，这是否应该算作是山林的悲哀？

由此看来，人的清浊不可以他的身份而论，事情的真相只看表面是得不出来的。最丑的女人需要最多的脂粉，最无耻的人需要最堂皇的外衣。人事纷陈，真假虚实相叠；天地辽阔，时时处处矛盾。我们需要时刻擦亮双眼，才能避免被假象所迷惑。

得冲和之气 识澹泊之真

※原文

神酣布被窝中，得天地冲和之气；味足藜羹饭后，识人生澹泊之真。

※译文

在粗布被中酣然入睡的人，能够得到天地间冲淡平和的精气；在粗茶淡饭后心满意足的人，能够领悟到宁静淡泊的人生真谛。

※评析

想在布被窝中得到天地冲和之气，需要的是一份平和的心态，所谓高枕无忧，心中无忧方能高枕安卧。想在藜羹饭后识得人生淡泊之真，需要的是一种旷达的胸怀，所谓心宽体胖，心中无虑才能味甘体胖。旷达平和的心胸是需要在简单朴素的生活中练就的。

“得常咬菜根，即做百事成。”俭朴的生活能磨炼意志，锻炼吃苦耐劳、坚韧顽强的精神，使人们在通往理想的道路上，披荆斩棘，奋勇直前。纸醉金迷的生活，只能消磨人的意志，使精神变得更加空虚，于人生毫无意义。

世事如宴席　劝君早回头

※原文

宾朋云集，剧饮淋漓，乐矣，俄而漏尽烛残，香销茗冷，不觉反成呕咽，令人索然无味。天下事，率类此，人奈何不早回头也？

※译文

宾客朋友欢聚一堂，酣畅淋漓地豪饮狂欢，多么高兴啊，可是没过多久，夜深烛灭，香尽茶冷，反而让人不知不觉地黯然神伤，感到这一切都索然无味了。天下的事情，大多与此相似，无奈的是人们总是不能及早回头。

※评析

天下无不散之筵席，欢聚一堂的快乐终归要被人去茶凉的现实所取代。人生的悲欢离合如花开花谢，花开时一树繁华，花落时满目凄凉。人生的福祸转换又有几个人能真正看得穿呢？世间冷暖、玄机反复，谁又能解其中滋味？今日座上宾，明日阶下囚；今日威风八面，明日落魄凄惨。

乐极终生悲，适可而止是一条原则，若是能及早抽身，更是明智之举。与其在索然无味中呕咽，不如在笙歌正浓时离去，反而能留几许美好的回忆，也更显人生的智慧与洒脱！

人生哲理篇

耳中常闻逆耳之言，心中常有拂心之事，才是进德修行的砥石。若言言悦耳，事事快心，便把此生埋在鸩毒中矣。

良药苦口　忠言逆耳

※原文

耳中常闻逆耳之言，心中常有拂心之事，才是进德修行的砥石。若言言悦耳，事事快心，便把此生埋在鸩毒中矣。

※译文

耳中能经常听到一些不顺耳的话，心中能经常想些不顺心的事，这才是修身养性、磨砺身心的根本。如果听到的每句话全是令人高兴的言语，遇到的每件事都称心如意，那就等于把自己的一生葬送在毒药中了。

※评析

常言有云：良药苦口利于病，忠言逆耳利于行。身为芸芸众生中的一份子，只有在不断地纠正自己的错误和不足中才能让自己的心性日臻完善。

逆耳忠言就像苦口的良药，它能矫正偏差的言行，使人的品德更趋完美。忠实的良言千金难求，但能欣然接受的人却不多！因为每个人都希望得到肯定，而忠告之言却让人有被否定的感觉，所以人们一向不乐意听。

同时，人们也祈求诸事顺利，希望所有不顺心的事都别让自己碰上。殊不知逆言和逆境正是锤炼心志的良方，它能激发人们的斗志，不断地完善自我；反之，如果一切顺遂，则容易令人耽于安逸、不思奋进，结果无异于自毁一生。

人能放得心下　即可入圣超凡

※原文

放得功名富贵之心下，便可脱凡；放得道德仁义之心下，才可入圣。

※译文

一个人要能抛得开功名富贵的名利思想，才可以摆脱尘世的杂念；要能放得下仁义道德等美名的束缚，才可以进入超凡脱俗的圣贤境界。

※评析

“名”与“利”经常是世人用来评定一个人是否成功的标准之一。在一般人眼里，功成名就者往往名利双收，生活得也比别人精彩，所以，人们通常以此来肯定自我生命的价值。自古至今有多少人为了功名富贵不惜铤而走险，而有的人不贪慕荣华富贵，但独爱美好的声誉。事实上，受功名富贵或美名所羁绊的人，心灵都难以获得真正的自由，因为汲汲于名利会成为功名富贵的奴隶，而热衷于做一个人人赞美的道德家则会流于沽名钓誉。

因此，只有胸襟豁达而不受俗世名利思想所左右的人，他的心灵才能得到真正的自由。

过而不留　空而不著

※原文

耳根似飙谷投响，过而不留，则是非俱谢；心境如月池浸色，空而不著，则物我两忘。

※译文

耳中如果像狂风吹过山谷造成巨响，过后就什么也不会留下，那么人间的是非黑白都会消失；心境如果像月光倒映在水中，空无一物不着痕迹，那么就能达到物我两忘的境界。

※评析

空谷狂风虽然响彻天地，但是会转瞬即逝，人的耳根也应该像它一样听过就忘，才会省去许多是是非非。而做人更要六根清净，这就不单是指耳不听恶声，眼、耳、鼻、舌、身、意六者都要不留任何印象才行。水映月色虽然明净美好，但水中其实空空如也，人的欲念也应如此平静虚空，才能达到物我两忘的境界。

所谓“事关心则乱”，如果能把与自己性命攸关的事也看得无碍，就能冷静理智，成为一个智者而超出凡尘。无私无我、无欲无求才能达到人生的至高境界。

真伪之道　只在一念

※原文

人人有个大慈悲，维摩屠刽无二心也；处处有种真趣味，金屋茅檐非两地也。只是欲闭情封，当面错过，便咫尺千里矣。

※译文

每个人都有一副慈悲的心肠，维摩诘和屠夫、刽子手的本性并没有什么不同；世间到处都有一种合乎自然的真正情趣，金碧辉煌的宅第和简陋的茅草屋也没有什么差别。所不同的是，人心常被贪欲和私情所封闭，以至于错过了慈悲胸怀和真正的情趣，虽然看起来只有咫尺的距离，结果已经相去千里了。

※评析

人是否活得有价值或活得快乐，不能取决于其地位的高低或财富的多寡，有的人衣食富足但精神生活匮乏，也有人位卑贫苦却活得安然闲适，这两者究竟谁活得有价值、快乐呢？

其实，人生有没有价值或快不快乐完全存乎于一念之间，换言之，完全取决于知足与否。常言道："知足常乐。"一个乐天知命的人，会懂得繁华到头终是空的道理，所以无论是住在高楼大厦还是简陋茅屋，对他来说都只是形式的不同，而无实质上的差别。如果贪得无厌，即使拥有金屋也仍是欲求不满。

萼叶徒荣　玉帛无益

※原文

树木至归根，而后知华萼枝叶之徒荣；人事至盖棺，而后知子女玉帛之无益。

※译文

树木到了凋谢枯萎的时候，才知道那艳丽的花朵、浓密的枝叶不过是徒有一时的繁荣；人到了临死入棺之时，才知道儿孙满堂、钱财名利都没有什么用处。

※评析

春夏之际，树木枝繁叶茂青翠招摇，我们以为那些青翠的树叶就是树木本身。直到秋风乍起，叶落归根之时，我们才明白那些浮华的东西是最经不起时间考验的。

人们总是到行将就木之时，才能深刻地意识到人世的富贵荣华如同树叶一样只是人生的虚设，自己苦苦追寻一生的东西，其实并没多大的用处。它们生不带来，死不带去，为了争夺它们不断地发生大小的冲突，于人类而言它们似乎不是财富，而是灾难。人们为这些转瞬即逝的东西苦苦纠缠，耗尽了自己的精力和才思，到头来也不过是个“空”字!

自然鸣佩　最上文章

※原文

林间松韵，石上泉声，静里听来，识天地自然鸣佩；草际烟光，水心云影，闲中观去，见乾坤最上文章。

※译文

山林间松涛的情韵，岩石上泉水的声响，静静听来，便体会到这是大自然最美妙的旋律；芳草之间的迷蒙烟雾，湖水中央的缥缈云影，闲闲望去，就能发现这是天地间最上乘的文章。

※评析

大自然用它的阵阵松涛、淙淙流水诉说着自己的心声，用它的草际烟光、水心云影抒写下内心的感动。而能否听懂它的心声，感动它的感动，在于世人的感同心知、静观默念，只有心领神会的人才能感受它的无限风情。最动听的音乐只有懂音乐的耳朵才能享受，最高妙的奇文也只有会欣赏的眼睛才能领略。凡夫俗子只会抱怨气候的无常和环境的恶劣，文人雅士方能体会风霜雨雪的各种风采，四季更替的不同风韵。因为他们知道“清水出芙蓉，天然去雕饰”的真正含义，只有最自然的才是最美妙的。

幽人自适　不着泥迹

※原文

幽人清事，总在自适。故酒以不劝为欢，棋以不争为胜，笛以无腔为适，琴以无弦为高，会以不期约为真率，客以不迎送为坦夷。若一牵文泥迹，便落尘世苦海矣！

※译文

幽居的人和清雅的事，都是为了顺遂自己的本性。所以喝酒以不相劝饮最为畅快，下棋以不争胜最为高明，吹笛以不按固定腔调最为自在，弹琴以信手拈来最为高超，约会以不期而遇最为真率，客人以不相迎送最为坦诚。如果一旦受到繁文缛节的约束，就要掉进世俗的苦海之中了。

※评析

自在的生活是人们共同向往的，怎样才能做到自在，必须先明白什么才是自在。自在就是心无挂碍，就是心胸坦荡，就是不拘小节，就是真率自然。做到这些就能自由自在了。只不过现实中的人们很难做到自在。因为，心头有牵挂，意中有得失，在意外界的看法，拘泥于繁文缛节。

其实，人类不过是在自寻烦恼。人与人的交往本来是很自然的事，如果非要给它添上那么多的规矩，最后圈住的反而是自己，作茧自缚就是这个道理吧！不过蝴蝶既然能够破茧而出，说明规矩这种东西是可以打破的。茧外能给你一片自由的天空，更能成就一个崭新而完美的自我！那些怡然自适的人就是最好的榜样。

临崖勒马　起死回生

※原文

念头起处，才觉向欲路上去，便挽从理路上来。一起便觉，一觉便转，此是转祸为福，起死回生的关头，切莫轻易放过。

※译文

当心中浮起邪念之际，如果发现这种邪念有走向私欲之路的可能，就要赶紧用理智将它拉回正道。只要坏的念头一起就立刻警觉，一有所警觉就设法挽救，这才是化灾祸为幸福，起死回生的关键，千万不能轻易放过。

※评析

常言道："一失足成千古恨。"人生是走向光明坦途，还是堕入黑暗深渊，只在一念之间。谁都不愿意犯错，有许多犯错的人，都是因为没有察觉到心中所浮起的邪念会将自己推向私欲之路，等到偏离正道后，才惊觉自己做错了。

换言之，大部分人犯错都是激于一时血气，在犯案的当时根本没有想过后果。很多的憾事都是由此发生，有人受不了金钱的诱惑而亏空公款，有人妄想不劳而获就去犯案行抢……

这类事件，每天都会登上报纸。如果在做任何事、说任何话之前，能多想想可能的后果，许多憾事就不会发生了。

功名一时　气节千载

※原文

事业文章随身销毁，而精神万古如新；功名富贵逐世转移，而气节千载一日。君子不当以彼易此也。

※译文

事业与文章再怎么伟大精妙，都会随着人的死亡而消失，只有圣人君子的精神，虽历经万代也不会磨灭；而功名利禄和荣华富贵再怎么显赫和繁荣，也会随着时代的变化而转移，只有忠臣义士的意气节操永恒不变。所以，真正的君子不会用一时的功名来换取永恒的精神气节。

※评析

人人皆知富贵如浮云，但总超脱不了功名利禄的诱惑，一辈子为此汲汲营营。然而，富贵荣华终非永恒的功业，往往因人、事、时、地的改变而消失。不管一个人拥有多少财富、握有多大权势，在咽下最后一口气之前，就算再怎么不舍、再怎么不甘心，也无法带走一分一毫，甚至在死亡之后，生前的财富、权势随即移转他人。

试问，谁能清楚记得历代富贵者的名字呢？如果要问对历史人物的印象，人们会说孔子有教无类、岳飞精忠报国、文天祥正气长存、史可法高风亮节……那么历史上富贵显赫的代表人物有哪些呢？除了想到红顶商人胡雪岩外，可得再费心思去查阅资料了。

由此可见，一时的功名易磨灭，唯有精神气节能永恒常存。

自然造化之妙　智巧所不能及

※原文

鱼网之设，鸿则罹其中；螳螂之贪，雀又乘其后。机里藏机，变外生变，智巧何足恃哉！

※译文

张网原是用来捕鱼的，不料鸿雁却陷落其中；螳螂一心想攫取眼前的蝉，不料黄雀已伺机其后。所谓玄机之中另有玄机，一变之外再生一变，人类的智慧和计谋又有什么可仗恃的呢！

※评析

常言道“谋事在人，成事在天”。《三国演义》里记载：孔明知道自己命在旦夕，为争取更多时间辅助后主完成复国大事，便施用祈禳之法以求延寿。孔明设帐祈禳北斗，帐外安排甲士 49 人环帐护法，只要 7 日内主灯不灭即可增寿 12 年，岂料在第六夜时，却被来报军情的魏延莽撞踢倒主灯。姑且不论史事的真伪，但可以确知就算人类的智慧再高妙、谋略再周全，仍旧还是不能穷究天机。人类深知天机不可意料，一直以来也都在尽最大努力来征服大自然，不过征服大自然并不等同于破坏大自然，但人类在对大自然进行征战时，往往恣意破坏其中生态，导致现在必须承担自然界反扑的恶果：臭氧层破坏、水质严重污染、酸雨等。

由此来看，人类的智慧和计谋真的没有什么值得骄傲的，要想让生活环境不再恶化下去，人类就必须爱护大自然，不要再扮演自然界里的癌细胞了！

处富知贫　少壮念老

※原文

处富贵之地，要知贫贱的痛痒；当少壮之时，须念衰老的辛酸。

※译文

当身处富有和权贵的地位时，必须了解贫穷人家的艰难和痛苦；当正值年轻力壮之时，必须想到以后年老体衰时的悲哀。

※评析

正所谓“少壮不努力，老大徒伤悲”，老一辈的人最常以这句话忠告年轻人要珍惜青春，要为将来做长远打算，免得日后悔不当初。只是年少轻狂的青年朋友，往往听不进过来人的善意规劝。同样，许多人身处顺境时，也常常忘却了人生无常的道理，没有为万一面临困境时做好准备，所以一朝遭逢变故就一蹶不振。

常言道“人无远虑，必有近忧”，更何况人有旦夕祸福，人生的境遇变化无常，如果不能退一步想、往远处看，他朝时移事易，就只能凄凉以对了。

万象皆空幻　达人须达观

※原文

山河大地已属微尘，而况尘中之尘。血肉身躯且归泡影，而况影外之影。非上上智，无了了心。

※译文

相对于宇宙空间来说，山河大地只是一粒尘埃，何况人类更是微尘中的微尘！而相对于宇宙时间来说，血肉之躯到头来终归是泡影，何况身外的权位名利更是泡影中的泡影！所以，一个没有至高智慧的人，是没有一颗彻悟的心来明白这种道理的。

※评析

人们常说“塞翁失马，焉知非福”，一代文豪苏东坡虽然在宦途失意，但气度恢弘的他，尽管生活窘困、波澜重重，却从未因此颓唐丧志，始终保有一颗温柔细腻的诗人心。正是如此随缘自适、旷达处世的胸怀，才造就其坦荡多彩的人生。

诚如他在《前赤壁赋》中所说：“寄蜉蝣于天地，渺沧海之一粟；哀吾生之须臾，羡长江之无穷；挟飞仙以遨游，抱明月而长终；知不可乎骤得，托遗响于悲风……”人必须面对自己的有限性，领悟以个人之力不可能穷尽万象、事事务取，如果不能认清这一点，又岂能悟得“万象皆空幻”的真义呢？

短暂人生　何争名利

※原文

石火光中争长竞短，几何光阴？蜗牛角上较雌论雄，许大世界？

※**译文**

在电光石火般短暂的人生中较量长短，能争得多少光阴呢？在如蜗牛触角般极小的空间里争强斗胜，又能夺得多大世界呢？

※**评析**

人们常说："生命的价值不在于长短，而在于精彩与否。"人生如梦，也像一场戏，而每个人仅有一次演出机会，不能重来。这人生的舞台究竟有多大？人们所能发挥的潜能又是否无限大呢？《山海经·大荒北经》中记载夸父追日的故事："……夸父不量力，欲追日影，逮之于禺谷。将饮河，而不足也；将走大泽，未至，死于此。"姑且不去深究这则神话故事所体现之"自强不息"的精神，如果仅就故事情节来看，看到的将只是夸父既愚且痴的行径。

就此而言，世人对物欲的执迷与夸父之欲追日影何异？人一再想与天地做非分之争，到头来却什么也争不到，只是徒将心力浪费在无谓的满足物欲之上，而未能去发掘生命的内在价值，结果只有虚度此生了！

广狭长短　由于心念

※**原文**

延促由于一念，宽窄系之寸心。故机闲者，一日遥于千古；意广者，斗室宽若两间。

※**译文**

时间的长短是出于心理感受，空间的宽窄是基于心中的观念。所以，对心灵闲适的人来说，一天的时间比千年还要长，而对胸襟开阔的人来说，狭小的房间也犹如天地般宽广。

※**评析**

个人在一念之间的想法，往往左右了对外在事物、环境的感受，诸如对时间长短、空间宽窄等感观均是如此。所以，人们常说"韶光易逝"，美好快乐的时间总是感觉过得特别快，而等待的日子则觉得特别难熬，所以说"一日不见如隔三秋""度日如年"，这两者的差别系因心理感受不同所致。至于判定空间的宽窄与否，则是取决于心理上是否知足，能知足即使是斗室也感觉像拥有天地般宽阔，不知足则纵有万顷空间也嫌不够。总之，人生乐观与否，全系乎自己的一念之间。心胸如果宽广，则海阔天空，事事从容有余；反之，则每日唉声叹气、怨天尤人。其实一切的悲喜得失，都取决于自己的一念之间。

知足则仙凡异路　善用则生杀自殊

※原文

都来眼前事，知足者仙境，不知足者凡境；总出世上因，善用者生机，不善用者杀机。

※译文

对日常生活里的一切事物，能够感到知足的人就像处于仙境般快乐，不能知足的人就如同处在凡境；凡是世上的因缘，懂得善加运用便处处都是生机，不能善加运用则处处皆是危机。

※评析

不可否认，不安于现状是激励人们力争上游的动力之一，但人们在追求所谓更优质生活的同时，却往往堕入物欲之中，变得不知满足，耗尽心力于外物的追求之上，使自己生活在争权夺利之中。这样的人生快乐吗？答案当然是否定的，因为人的欲望永远无法满足，而永无止境的追求只会让人陷入痛苦的深渊。反之，知足、懂得享受人生乐趣的人，则能拥有快乐的人生。

换言之，知足的人着眼于自己所拥有的事物，并善加利用且珍惜它；不知足的人则在意自己所欠缺的事物而执意强求，结果未必能获得，还可能失去原本所拥有的。所以说“知足常乐”，对外物的追求当适可而止，才能真正享受人生乐趣。

隐者高明　省事平安

※原文

矜名不若逃名趣，练事何如省事闲。

※译文

喜欢夸耀自己的声誉，还不如躲避名声来得有意义，而熟谙世事固然是好，但对世事愈练达者，操心处便愈多，哪里比得上省一事少一事来得悠闲自在？

※评析

名利如同华丽的囚衣，人在功成名就的时候，就会丧失自由的权利，无法再过着无拘无束的生活了。因为，“名人”是众所瞩目的焦点，一言一行都会受人们的关注，且必须朝着人们期待的路走，不再能够从容地做自己。

所以，聪明的人会尽量躲避名声，以免受到虚名的牵累而白白牺牲掉自由。再者，能者多劳，通达事理的人由于精明能干，凡事都抢着去做，结果多做多错，不得悠闲自在且不说，还可能惹来满身是非呢！

执着是苦海　解脱是仙乡

※原文

山林是胜地，一营恋便成市朝；书画是雅事，一贪痴便成商贾。盖心无染著，欲境是仙都；心有系恋，乐境成苦海矣。

※译文

山川林泉是风景秀丽的地方，可是一旦沉迷留恋就变成了庸俗喧扰的闹区；书法绘画是一种高雅的趣味，可是一旦贪爱痴迷就成了市侩之物。所以，只要心地不受外物的浸染，即使置身人欲横流之所也如同身处仙乡；如果内心有了留恋，即使处在乐土之中也有如置身苦海。

※评析

再高雅的事物，一旦沉迷留恋就会变成庸俗不堪的俗物！但并非是事物的本身由雅变俗，完全是因为人对事物的用心产生变化所致。诚如文中指出“山林胜地变市朝”“书画雅事成商贾”之例，某些名胜之地也是“只要顺着垃圾走，就能找到出口”。虽极讽刺，但也印证了“山林胜地变市朝”之说。再者，书法绘画原本是高雅的趣味，然而当某一名家之作蔚成风尚后，就会变成俗物了。

所以说，雅俗之别完全出于人心。此外，苦乐的差别也不在于环境本身，而是出自人对事物所产生的感受，如果人心系恋外物，则乐境成苦海；若不受外物所浸染，则即使置身于花花世界，也犹如在仙境。

总之，雅俗、苦乐都系乎于一心。

得好休时便好休　如不休时终无休

※原文

人肯当下休，便当下了。若要寻个歇处，则婚嫁虽完，事亦不少；僧道虽好，心亦不了。前人云："如今休去便休去，若觅了时无了时。"见之卓矣。

※译文

人如果愿意就此罢休，就应该立即做个了断。如果非要找个合适的罢休时机，那么就算婚事办完了，以后的事情依然还会有很多；和尚道士虽然获得了清静，但是内心仍然还有许多牵挂。古人说："现在如果能罢休就赶快罢休，如果想找到一个了断的机会再结束，那就永远没有结束的时候。"这见解真是高啊。

※评析

决断和放弃是一个人从容处世所必备的。俗话说"当断不断，反受其乱"。事情拖得越久，处理起来就越棘手，而且会带来许多不必要的困扰。人要学会放弃，有时候放弃也是一种美德。当放则放，不要有所顾虑，也不要心存不舍，更不要寻找借口。事情永远没有做完的时候，想找一个合适的时机又谈何容易，更何况明日复明日，明日何其多。其实，只要想得开现在就是最好的时机，想得越多拖得越久，损失就会越严重。

生活中的许多事就如同鸡肋，食而无肉，弃之又觉可惜。反正最后都是要丢掉的，为何非要把它放得腐臭之后才肯扔呢？或许是为了得到一种心理平衡吧，但这种平衡的代价却是要忍受腐朽刺鼻的恶臭，何必呢！

富者多忧　贵者多险

※原文

多藏者厚亡，故知富不如贫之无虑；高步者疾颠，故知贵不如贱之常安。

※译文

一个财富积累得太多的人，整天都忧虑自己的钱财被人夺去，可见富有的人不如贫穷的人那样无忧无虑；一个地位尊贵的人，整天都患得患失担心会丢官，可见为官不如平民那样常感安乐。

※评析

所谓“富者多忧”，财富往往会招来祸端。家财万贯的人，整天都忧心别人觊觎自己的财富，还经常怀疑他人接近自己是别有用心的。由于与人接触时总是多了一些顾忌，所以容易让对方觉得有隔阂，甚至觉得被轻视，而心生不满。所以说“多藏者厚亡”，或许就因此而得罪他人。另外，身居高位的人也有其忧虑，他们每天都担心拥有的权势和地位会失去，所以不如平民百姓的“无官一身轻”。事实上，人的苦恼正是来自于放不下财富、名位等外在事物。得不到的时候日思夜想，费尽心思去争取，总以为自己一旦拥有财富名位就会心满意足。然而如愿拥有后，却又患得患失，反而活得更不安乐。

人之所以努力奋斗，目的是为了提高生活质量，如果生活环境改善了，人的烦恼却不减反增，那么人们的努力又有何意义呢？

乐心在苦处　苦尽方甘来

※原文

世人以心肯处为乐，欲被乐心引在苦处；达士以心拂处为乐，终为苦心换得乐来。

※译文

世俗之人以自己的愿望得以满足为快乐，然而却被寻找快乐的心带到了痛苦之中；达观之人能够以不如意的事为快乐，终为一片苦心换来了真正的快乐。

※评析

耽于享乐的人，常常会被那颗贪图享乐的心带入痛苦的无底深渊，有些使你感到愉快的事却常常会断送了你。乐极生悲的事情总是发生在歌舞正浓处，“渔阳鼙鼓动地来，惊破霓裳羽衣曲”，快乐成了灾难的根源，那快乐本身还有什么意义？

“宝剑锋从磨砺出，梅花香自苦寒来。”不幸，对于弱者而言是无底深渊，但却是天才的进身之阶。能在苦中作乐的人，才能苦尽而甘来，足以享受成功的喜悦。风雨彩虹，美好的东西如果来得太容易，惊喜和价值就会打折扣，成功和快乐也是如此。

以失意之思　制得意之念

※原文

自老视少，可以消奔驰角逐之心；自瘁视荣，可以绝纷华靡丽之念。

※译文

人如果能从老年回头来看少年时代的往事，就可以消除很多争强好胜的心理；而如果能从没落世家再回头去看繁华奢侈的生活，就可以摒除穷奢极侈的念头了。

※评析

世人如果能够消除欲望，凡事不争强好胜，人生不如意之事就能减少大半。世上的事往往相伴而行，诚如老子所说“祸兮福之所依，福兮祸之所伏”，利害得失往往是一体两面，所以说有一利必有一害，有一得必有一失。你费尽毕生精力所追求得到的，也许比你失去的要多得多。人为何一定要到行将就木或凄凉冷落之时，才会懂得自己到底挥霍了多少美好青春与人生财富呢？

人生几何？如果只是一味争长论短，只不过是在浪费自己的生命，实在愚不可及。人应该建立豁达开朗的人生观，对一切泰然处之，才能拥有愉快的人生。

世间原无绝对　安乐只是寻常

※原文

有一乐境界，就有一不乐的相对待；有一好光景，就有一不好的相乘除。只是寻常家饭，素位风光，才是个安乐的窝巢。

※译文

天地间的事物往往是相互对立的，有一个安乐的境遇，就会有一个痛苦的境遇随之而来；天地间的事物往往又互为补偿，好的境遇和不好的境遇总是交替出现。所以，只有平平凡凡安分守己，满足于家常便饭、没有官位的自然光景，才是最快乐的境界。

※评析

俗话说“有一利就有一弊”，天地间万事万物都是彼此对立又互为补偿的，所以，看事物要用辩证的方法，就不至于走极端，因为凡事都有它相对应的一面。就此而言，一个生活无忧无虑的人，在某些方面必然隐藏着不为人知的苦楚；而艰苦度日的人，也必有令人称羡之处。尺有所短，寸有所长，越美好的事物缺点往往越明显。何况，最好的未必是最适合你的，平凡也是一种美。所以，人何必相争呢？不如乐天知命、随遇而安，在平凡之中细细品味人生的真正乐趣。

心无物欲　坐有琴书

※原文

心无物欲，即是秋空霁海；坐有琴书，便成石室丹丘。

※译文

心中如果没有对功名利禄的欲望，就会像秋日的天空、雨后的海面一样开阔澄净；家中如果有古琴、诗书相伴，就会像居住在石室丹丘中的神仙一样逍遥快活。

※评析

物欲是人类心灵的枷锁，只是它绣着华丽的金边，使世人不舍得丢弃；琴书是人生的益友良伴，只不过它看起来那样清苦，令凡心敬而远之。但是，枷锁就是枷锁，最精致的牢笼也最容易剥夺你的自由，鸟儿的翅膀如果坠上黄金，它就无法飞翔，人的心灵如果填进物欲，就会举步维艰。一琴一书虽然清苦，若能自得其乐，便得神仙境界。

人生本来就充满了矛盾，譬如舍得，不舍，安得？你若放不下心头枷锁，又何来海阔天空的自由飞翔；享受不了清苦生活，又怎能见得石室丹丘？

不为念想囚系　凡事皆要随缘

※原文

今人专求无念，而终不可无。只是前念不滞，后念不迎，但将现在的随缘打发得去，自然渐渐入无。

※译文

现今的人一心追求没有杂念的境界，可是却又始终做不到。其实只要能做到让先前的杂念不停留在心中，后来的杂念自然不会来到。亦即只要把握现在，将眼前的俗务随缘打发去，自然就能渐渐进入没有杂念的境界了。

※评析

一般人对不如意的往事，通常会一再反复追想，并要经过一段相当漫长的时间才能淡忘。虽说时间是医治伤口最好的良药，但却在这期间浪费了我们太多的精力。青春是短暂的、时间是宝贵的，往者已矣，应该好好把握现在，别一味地沉浸于过去，才不会使眼前的事受到影响，又成为未来追悔的事件。正如李白所言："弃我去者，昨日之日不可留，乱我心者，今日之日多烦忧。"

换言之，过去的就让它过去，莫以昨日追悔，莫以今日烦忧。人应该以更开阔的胸襟活在当下，迎接未来，如此才能抛开烦恼，拥有快乐的人生。

凡俗差别观　道心一体观

※原文

天地中万物，人伦中万情，世界中万事，以俗眼观，纷纷各异；以道眼观，种种是常。何须分别，何须取舍？

※译文

天地间的万物，人世间的一切情感，以及世界上的所有事情，如果用一般人的眼光来看，纷纷扰扰各不相同；如果用通达的眼光来看，则样样都平常。何必要去加以分别和取舍呢？

※评析

人们常以自我为中心，对万事万物均加上主观想法，以我转物，为所有事物都涂上自己的感情色彩，所以看出的万物自然大有分别。至于通达的人，则不以自我为中心，而用超越世俗的眼光去观察万事万物。在他看来，天地万物、人伦万情都是一体的，根本没有人们想象的那么复杂，更不需花太多的精力去加以区分。

可见，不论对人、对事或对物，只要能本着大公无私的平等态度，用一颗简单透彻的心来对待，就能不受外物俗情的牵绊，万物本为一体，又何必去分别、取舍呢？

以我转物　逍遥自在

※原文

以我转物者，得固不喜，失亦不忧，大地尽属逍遥；以物役我者，逆固生憎，顺亦生爱，一毫便生缠缚。

※译文

如果由我来主宰事物，得到不会欢喜，失去也不会忧虑，大地到处都徜徉自适；如果由事物来役使我，不顺遂时就会恼恨，顺利时又会恋栈，而只要一点微小的事就能使人感到困扰束缚。

※评析

由自己来主宰事物，则万物为己所用，而得与失取决于尽力与否，一切操纵权在我，失了一物可另取一物，有得有失，得失都不放在心上，所以得之何喜，失之又有何忧。相反，如果自己受到物质的控制，为外物所奴役，则会患得患失，得到的害怕失去，失去的又追悔莫及，心境随着事物的顺逆而转，时时都感受到无形的牵制，得之不喜，失之愈悲，人生何来快乐的时候？

这两者的差异，就在于役物与役于物，人生的苦与乐、迷与悟都受是否役于物的影响，只有摆脱了物役才能快乐常在。

思及生死　万念灰冷

※原文

试思未生之前有何像貌，又思既死之后作何景色，则万念灰冷，一性寂然，自可超物外而游象先。

※译文

试想在还没有出生前有什么形象面貌，再想想死后又是什么景况，那么一切的念头便会冷却消失，内心归于宁静，自然可以超然物外，悠游于各种形象之前。

※评析

人在出生前究竟是何种样貌？死后又是什么景况呢？究竟有没有前世来生？这类问题，有多少哲学家曾经费尽心血苦心探求，但总得不出具体的答案，因此人类对生命的意义常常无法肯定。然而，我们可以确定的是，人在出生时是赤手空拳来的，死的时候也带不走一丝一毫。“翻云覆雨数兴亡，回首一般模样。”连生命都要终归沉寂，一时的富贵荣辱又岂在话下？

是非恩怨转头空，一切于我只是虚幻。人又何必太执着？若能悟得这一点，做人又何必苦苦追寻、斤斤计较呢？

阴恶祸深　阳善功小

※原文

恶忌阴，善忌阳。故恶之显者祸浅，而隐者祸深；善之显者功小，而隐者功大。

※译文

坏事忌讳被遮掩起来，好事忌讳被宣扬开去。所以被发现了的坏事所造成的祸害就小，而被掩藏起来的坏事造成的祸害就大；到处被宣扬出去的好事积累的功德就小，而默默无闻暗中行善所带来的功德才大。

※评析

坏事被摆在桌面上就不再成为坏事，容易被人发现的东西也容易被清除，就不会造成多大的伤害和影响；而坏事如果被隐藏起来，就会变成定时炸弹，不知道会在何时何地爆炸，或许随时都会天崩地裂，造成的伤害是可想而知的！所以，如果做了错事并且知道错了，就该勇于承认，这样不仅可以力挽狂澜，还能让别人刮目相看。

而好事就不同了，好事如果大肆宣扬，就会失去做好事的意义，不仅收效倍减，而且难免被人看作沽名钓誉之徒。人们说行善是积阴德，既然是阴德还是不要到处宣扬的好。

雌雄妍丑　一时假象

※原文

优人傅粉调朱，效妍丑于毫端，俄而歌残场罢，妍丑何存？弈者争先竞后，较雌雄于着子，俄而局尽子收，雌雄安在？

※译文

演戏的人擦粉涂口红，将美丑都交付给化妆笔的笔尖，歌舞散场之后，那些美丑哪里还会存在？下棋的人竞相在棋子之间比较胜负，一旦棋局结束，棋子收了，刚才的胜负又在哪里呢？

※评析

人生如戏，成败如棋。人生不过几十年，一切是非、成败在历史长河中都是短暂的，所有的事物在瞬间都会成为过去，就如同再精彩的戏，也终有曲终人散，人去台空的那一刻。万事强求不得，人生的精彩与否自有后人来评说，在历史的长河中不是每个人都能留下美丽的涟漪，即使留下过也会被滚滚江水所淹没，看不出什么痕迹。

由此可知，人生短暂，转瞬即逝，不管你怎样斤斤计较，如何费力钻营，到最后，等待你的都是一样的结局。既然如此，你又何必煞费苦心，为谋富觅贵而不择手段呢？

冷静观世事　忙中去偷闲

※原文

从冷视热，然后知热处之奔驰无益；从冗入闲，然后觉闲中之滋味最长。

※译文

从冷静的角度去观察热闹纷繁的名利场，就会发现那些热衷名利的奔波劳碌对生活毫无益处；从忙碌的生活中清闲下来，然后才会品味出安闲生活中的滋味是最悠长的。

※评析

人生的真谛是要从冷处和闲中细细品味的。酸甜苦辣人生百味固然丰富，尝过之后才会懂得最真淳的味道来自最平淡的生活。争名逐利的竞技场，疲于奔命的琐碎生活，将世人的精力毫不留情地吸干，而世人却像吸毒者一般乐此不疲，以至麻木。也许，只有当偷得浮生半日闲之时，才能获得片刻的安宁。而这安宁又是那么短暂，我们还来不及思考就又要继续奔波了。其实，只要心里没有太多的欲望，生活大可不必那么忙碌，多一颗平常之心，少几分功名之念，自然能够体会超然物外的洒脱。在宁静悠闲中看人间繁华，品人生百味，做智慧之人。

烦恼由我起　嗜好自心生

※原文

世人只缘认得我字太真，故多种种嗜好，种种烦恼。前人云："不复知有我，安知物为贵？"又云："知身不是我，烦恼更何侵？"真破的之言也。

※译文

因为世间的人把自己看得太重要了，所以才有了那么多嗜好和烦恼。古人说："如果连自己的存在都感觉不到，又怎么会知道外物是否是珍贵的？"又说："如果知道就连身体都不是属于自己的，那么烦恼又怎么可能伤害到我呢？"这真是一句切中要害的话啊。

※评析

"未曾生我谁是我，生我之时我是谁？长大成人方是我，合眼蒙眬又是谁？"佛语如是说。

既然连自己是谁都不知道，那么对那个"我"字还需要如此看重吗？世间之人就是把自己看得太重要了才会徒增许多烦恼。地球离开谁都能转动，我们不是太阳！如果世人懂得了自己并非那么重要，那么那些功名利禄的身外之物又何足挂齿？况且这些身外之物根本生不带来、死不带去，又何必苦苦留恋，不肯放手呢？人生一副臭皮囊，烦恼如果装得太多，就会将快乐挤掉。只有无"我"才能无私，无私方能无欲，无欲才会无求，无求就会无忧。

人生苦短，能来世间走一趟已是幸事，不要因为只顾关注自己而错过眼前的好景致！

来去自如　融通自在

※原文

身如不系之舟，一任流行坎止；心似既灰之木，何妨刀割香涂。

※译文

身体应该像没有系缆的小船，任凭它去漂流或者停止；心灵既然像已经烧成灰烬的木头，刀割或者涂香又有什么关系呢？

※评析

“不系之舟”自由自在，行止都不用理会；“既灰之木”无欲无求，宠辱都不会心惊。这种境界着实令人羡慕！但是，现实之中人们身处大千世界，需要生存生活，不可能像不系之舟和既灰之木那样超凡脱俗。因此，世人时刻都在忙碌奔波，然而奔忙的结果是“不如意事常八九”，想要解脱却不得解脱，陷入欲罢不能的沼泽。

其实，超脱是一种人生态度，未必一定要人们抛开世俗生活。只要能使心灵不受名利驱遣，那么身体就可以来去自由。心灵若能空明澄澈看破世情，就能做到身在事中而心在事外，不受外界的干扰，保持平和的心态。如此一来，来去自如、融通自在的生活便离我们不远了。

身放闲处　心在静中

※原文

此身常放在闲处，荣辱得失谁能差遣我？此心常安在静中，是非利害谁能瞒昧我？

※译文

如果让身体常处在悠闲的地方，世俗的荣辱得失如何能够驱使我？如果让心灵常处于冷静的状态，世间的是非利害又如何能够欺瞒我？

※评析

人若能远离名利之场，不去竞逐繁华，那么也就谈不上什么荣辱得失，更不用说被利益所驱遣了。“无为”也是人生的一种境界，为了蝇头小利拼个你死我活又是何苦呢？人的心灵在宁静的时候，心境就会变得开阔，心思就会变得通透。因此，常使心灵保持在冷静的思考状态，世事的是非曲直、利害得失就都能够了然于心。人在浮躁之中是不能够洞察一切、慧眼独具的。如同池中之水，只有等到风平浪静、闲尘不染之时，才会变得通透澄澈，水中之物、水面之影才能一目了然。人也只有抛开了功名之心、世俗之念，让身心远离尘世的嘈杂与诱惑，宁静的心境才会出现，尘世的荣辱才能消散。

浓夭淡久　大器晚成

※原文

桃李虽艳，何如松苍柏翠之坚贞？梨杏虽甘，何如橙黄橘绿之馨洌？信乎，浓夭不及淡久，早秀不如晚成也。

※译文

桃李的花朵虽然美丽鲜艳，但是怎么比得上松柏的苍翠坚贞？梨杏的果实虽然甘甜爽口，但是怎么比得上橙橘散发出的馥郁芳香？的确如此啊！浓艳妖娆不如清新淡雅保持得长久，少年得志也不能和大器晚成相提并论。

※评析

越是繁华热闹的事物越是容易衰落和归于平静。浓艳不是不好，只是好景不长。人说“岁寒，然后知松柏之后凋也”，越是平淡静默的东西往往越具有顽强的生命力。如果桃李知道自己的生命如此脆弱，它还会开出那么多的繁花来招摇吗？

人也是如此，太早表现出非凡智慧的孩子，大多是较早接受了规定性的事物，却也因此失去了孩童独有的创造性，所以长大之后往往会变得平庸。聪明的家长在孩子的教育方面不应该操之过急，那样会抹杀了他们的天性。顺其自然和因材施教并不相悖。

善根暗长　恶损潜消

※原文

为善不见其益，如草里冬瓜，自应暗长；为恶不见其损，如庭前春雪，当必潜消。

※译文

做好事从表面上看似乎得不到什么好处，但就像生长在草里的冬瓜，会在不知不觉中长大；做坏事从表面上看好像对自己没有什么损失，但就像春天庭院里的积雪，必然会悄悄地减损消融。

※评析

现代人并不热衷于行善，不论是出于冷漠，还是出于私心，起码短期上看不出对自己有什么好处，甚至有时还会伤害自身利益，当然要敬而远之了；然而做些损人利己的坏事，不仅看不出对自己有什么损失，还可以从中渔利，何乐而不为呢！但是，事情往往不会像我们想象的那么简单，表面的东西最容易欺骗人的双眼。

积沙成塔，集腋成裘，不论行善行恶，皆由平时点滴积累而成。积到一定的时候，量变成质变，那就见得着报应了。行善者获得的是别人的爱戴和崇敬，有了人心，他就会变得更有力量。而作恶者面临的将永远是正直者的鄙弃、利己者的争斗。

现实利益的得失只在一时起作用，而这种无形的得失却伴随人的一生。至于是要行善还是要作恶，利益得失全由自己权衡！

人生一傀儡　自控便超然

※原文

人生原是一傀儡，只要根蒂在手，一线不乱，卷舒自由，行止在我，一毫不受他人提掇，便超出此场中矣！

※译文

人生本身就是一场傀儡戏，只要我们始终都把牵动傀儡的线索掌握在自己手中，不让任何一根线混乱，收卷舒放自在随心，行动静止都由自己决定，丝毫不受他人控制，那么我们就可以越出这个戏剧舞台了。

※评析

人们总是在哀叹世事无常、造化弄人，命运无法由自己控制。却没有想过为什么自己无法掌握自身的命运。其实，人生本来是你自己的，只是自己在不注意时却把控制权主动交到了别人手中。孩提时，我们没有生存的能力，于是只好把命运交给自己的父母；长大后我们又经受不住利益的诱惑，在从别人手里接过利益的同时，却没发现它背后那条线是掌握在别人手中的。于是我们身上的线越来越多，来自家庭、婚姻、人际、社会，各种各样的线牵动着我们的肢体和行为，使我们身不由己又欲罢不能。

若想不受摆布，就要做到无欲无求，拒绝诱惑，端正自己心灵的天平，才能将握在别人手中的线斩断，控制权才会回到自己手中。自己的人生舞台由自己来布置、导演，精彩才属于自己。

世路茫茫　随遇而安

※原文

释氏随缘，吾儒素位，四字是渡海的浮囊。盖世路茫茫，一念求全，则万绪纷起；随遇而安，则无人不得矣。

※译文

佛家讲究万事都要顺其自然，儒家讲究凡事都要恪守本分。“随缘素位”这四个字是帮我们渡过人生苦海的浮舟。因为人生的道路茫茫无际看不到尽头，只要有一个求全的念头生出，便会引发无数杂念的兴起。如果能够做到顺其自然随遇而安，那么无论到了哪里便都能怡然自得了。

※评析

随缘，是一种面对人生的态度。随缘不等于听天由命、消极处世。它是让人以一种平和的心态顺应事物的发展规律，不刻意、不强求，顺其自然。“素位”，是一种对待事业的准则。“素位”不是自扫门前雪，不是事不关己。它是要求人们做好自己分内的事，不要这山望着那山高，贪图不属于自己的权势和利益。

“随缘素位”四字虽出处不同，但内涵却是相通的。它告诉人们：一个安于现实的人，能快乐地度过一生；相反，一个处处苛求完美、心存非分之想的人，心中欲望永远不会得到满足，又怎么会有快乐可言呢?

淡中知真味　常里识英奇

※原文

酞肥辛甘非真味，真味只是淡；神奇卓异非至人，至人只是常。

※译文

美酒、肥肉、辛辣、甘甜都不是最真纯美妙的滋味，最美妙的滋味总是平和清淡的；言谈举止神奇怪异的人并非是真正德行完美的高人，德行完美的高人言谈举止总是与常人没有什么区别。

※评析

最清淡的滋味是最长久最真实的滋味，水味最淡却是人类的生命之源，君子之交淡如水，而情却是最浓的，粗茶淡饭是能吃上一辈子的健康食粮。只有在淡中方能发现生活的真谛。平凡中孕育伟大，越是伟大的人在人群之中也许越难被发现。因为真正伟大的人追求的是一种至纯至真的精神境界，这种精神恰恰深藏在平凡之中。然而人们往往忽视平凡，不重视常见的东西，仿佛只有新奇的事物才能吸引人们的眼球，因为奇能生趣。但是它却只能成为生活的调剂，不能成为生活的主旋律，因为它不符合生命的内在规律，平平淡淡才是真。与其精疲力竭地追求自己没有的东西，不如踏踏实实地珍惜眼前拥有的平淡生活。

以事后之悟 破临境之迷

※原文

饱后思味，则浓淡之境都消；色后思淫，则男女之见尽绝。故人常以事后之悔悟，破临事之痴迷，则性定而动无不正。

※译文

酒足饭饱后再去品尝饭菜的味道，咸淡的味道都会消失从而品味不出；色欲满足之后再来回想淫逸之事，男欢女爱的冲动就一点也不见了。因此，人们如果能够经常以事后的悔悟来破除遇事时的痴迷，那么就能保持内心的平静，从而保证品行的端正。

※评析

“如果能够重来一次，我一定不会这么做!”许多时候人们都会十分肯定地说出这样的话。“早知今日，何必当初!”很多时候人们都在扮演着“事后诸葛亮”的角色。只不过更多的时候人们在重复着相似的错误。因为吃饱之后还会再饿，饿了依然饥不择食。也许只有等到真正吃了大亏，才能长点儿记性，而这时候的代价则往往是巨大的。

虽说“吃一堑”能“长一智”，但是智慧为什么非得通过吃亏来得到呢？真正的智慧是在犯错之前以冷静的头脑获取的。与其在错误发生后后悔，不如在避免错误时庆幸。人不可能不犯错，但却可以少犯错，只要能够常用事后的悔悟来时时提醒自己就不难做到。

静中见真境 淡处识本心

※原文

风恬浪静中，见人生之真境；味淡声稀处，识心体之本然。

※译文

在风平浪静平和清淡之中，才能体味到人生的真正境界；在粗茶淡饭清贫淡泊之中，才能体会到心性的本来面目。

※评析

庄子说“恬以养志”，从平淡的生活中往往才能品味出人生的真味。在喜怒悲乐的波涛上翻滚的人很少长寿，淡然自适者则往往能身体健康。沉浸于宴饮歌舞中的人往往思绪混乱，而在林泉野径上却常有智者。时事造英雄，生活在惊涛骇浪的变革时代，的确更能磨炼人的坚强意志，然而却无暇顾及体会人生内心的境界；只有生活在风平浪静中的太平盛世，才能有功夫、有情致去体验人生的真谛。人生之味在真纯不在浓烈，人生之境在平和不在沸腾，人生的智慧是在平淡中获得的。

省事为适　无能全真

※原文

钓水，逸事也，尚持生杀之柄；弈棋，清戏也，且动战争之心。可见多事不如省事之为适，多能不若无能之全真。

※译文

在水边钓鱼本来是一件安逸清闲的事，但却掌握着鱼的生杀大权；对弈下棋本来是件高雅单纯的游戏，但却要牵动恋战争胜的心思。可见喜欢多一事不如少一事使人悠闲舒适，多才多艺不如无才无能更易保全自身的本性。

※评析

垂钓水边看似悠闲安逸，但于无辜的鱼来讲却是大难临头；对弈下棋看似闲趣高雅，但双方的杀戮之心却在暗中滋长。人生如钓，暗藏杀机；世事如棋，变幻无穷，又有谁能保持内心的那片平静呢？因此，多一事则多一忧，还是无事为好；多一能则多一劳，还是无能为上。“能者劳，智者忧”便是此意。

人生获得清闲安逸的最好方法是心灵的解脱，追求清静无为的人生境界。正所谓“醉翁之意不在酒，在乎山水之间也”。因此，想得渔之乐，直钩钓鱼有何不可；欲得弈之趣，胜负之心何足挂齿？

夜钟醒迷梦　观影见本真

※原文

听静夜之钟声，唤醒梦中之梦；观澄潭之月影，窥见身外之身。

※译文

倾听夜阑人静时的钟声，能够把我们从人生的梦幻中唤醒；细看清潭净水中的月影，能够使我们发现红尘之外的自我本性。

※评析

人生如一场大梦，白日之梦不能圆，便寻入夜中之梦，是幻是真又有几人能够识得，何时方醒，只待静夜一声钟鸣。至于梦中之身孰真孰假，真身何在，且向月下澄潭寻觅。其实，静夜钟声无非心声，只是日中喧哗我们聆听不到，也无心去听；澄潭月影即为心影，只因心潮澎湃而不易使人发觉。我们的本心本来如明月般空明澄澈、清淡自然，只是人世的梦中之梦将我们的心湖搅乱。只有静夜钟声，这种来自旷远宇宙间的呼唤，才能使我们警醒；也只有澄潭月影，这种融会于天地间的折射，才能使我们窥见本真。

会个中趣　破眼前机

※原文

会得个中趣，五湖之烟月尽入寸里；破得眼前机，千古之英雄尽归掌握。

※译文

能够领会生活内在的情趣，五湖四海的山川美景便都可以印入心底；能够识破事物发展的玄机，古往今来的英雄豪杰便都能够为我所用。

※评析

世俗的人在读过文人墨客的游历名篇之后，往往对文中的山川河岳产生无限遐思、心驰神往，但结果却往往是满怀憧憬而去，疲惫失望而归。于是常常会有人埋怨文人的笔墨都是骗人的文字游戏，不足信、更不可信。

其实，山水并无不同，不同的只是人的境界而已。俗人看景，山便是山，水便是水，与我了无关系。虽游尽五岳三山，一切仍在身外，略无所得。诗人看景，山便是我，我便是山，心气相沟通，情感相交汇。见松柏而自然生凛然之气，见杨柳则多妩媚之情。如此境界，即使足不出户，也能尽得山水之真机。

不言妍洁　何来丑污

※原文

有妍必有丑为之对，我不夸妍，谁能丑我？有洁必有污为之仇，我不好洁，谁能污我？

※译文

美丽必定有丑陋与之相对，只要我不自夸美丽，又有谁会说我丑呢？洁净必定有污秽与之相对，只要我不自夸洁净，又有谁能来说我污秽呢？

※评析

妍丑相生，洁污相克，世间的一切存在都是相生相克的。再美的东西也有自己的缺陷，因为美本来就是相对的，它和丑共存于统一体。如果你只吹嘘自己美的一面，就等于把自己丑的一面留给了大家，倒不如自谦让人，反倒能赢得人们的公正评价。洁污也是相同的道理，夸耀自己的高洁，就等于把自己的高傲留给别人作把柄，那么，你的高洁也就掺了杂质，岂还有高洁可言？外表的美好和人格的清高是任何自夸的话语也替代不了的。真正的美是沉默而不需声张的。

去留无系　静躁何干

※原文

孤云出岫，去留一无所系；朗镜悬空，静躁两不相干。

※译文

孤云从山间飘出，它来去自由无所牵挂；明月悬于天空，世间的宁静与喧嚣都与它不相干。

※评析

“孤云出岫”是何等自在洒脱、无拘无束；“朗镜悬空”又是何等清朗明澈、无尘无俗！人类羡慕这些自然美好的东西。可是，生活在社会中的人们，却到处充满了规范法则，一旦出界，自由都无从谈起，何来“去留一无所系”；身处花花世界，满眼看到的都是繁华与诱惑，如何才能做到“静躁两不相干”？于是人们对一切自由的事物都充满了羡慕。

只是，人们不愿去承认，即使自由如“孤云”也要受制于风，即使澄净如明月也无法摆脱阴晴。它们之所以看上去自在空明，是因为它们都有一颗随遇而安和清者自清的心！

浓处味常短　淡中趣独真

※原文

悠长之趣，不得于浓酽，而得于啜菽饮水；惆恨之怀，不生于枯寂，而生于品竹调丝。故知浓处味常短，淡中趣独真也。

※译文

回味无穷的味道，不是从甘醇的烈酒中得来，而是从嚼豆饮水的清淡生活中得来；惆怅忧伤的情怀，不是在寂寥困苦中产生，而是在轻歌曼舞的享乐中产生。由此可见浓厚的味道常常很快就会消散，而清淡中的趣味才是最真实的。

※评析

所谓“浓处味短，淡中趣真”，指的是精神上的追求。贪得者虽富亦贫，知足者虽贫亦富。清茶中有悠长韵味，俚曲中有雅致之韵。恬淡之处，却是玄机奥妙所在，看是滋味冲淡，但却俗中有雅、精巧绝伦。食美味、看美色、纵欢乐，这样的人常常多病、短命。长寿的人却是粗茶淡饭，勤于劳作。越是精彩热烈的就冷却越快，人的能量和热情有多少能够供我们肆意挥霍、持续燃烧？

生活是如此，交友也是如此。君子之交淡如水，但可以生死与共，不离不弃。小人之交甘如醴，但人走茶凉，势去人空，翻脸无情。

繁华不及清淡　心动未若神爽

※原文

春日气象繁华，令人心神骀荡，不若秋日云白风清，兰芳桂馥，水天一色，上下空明，使人神骨俱清也。

※译文

春天花繁叶茂、景色绚烂，使人心驰神往、躁动不安，却不如秋日云淡风轻，兰桂飘香，水天一色，天地一片澄澈空明，使人神清气爽、通体舒畅。

※评析

春日繁花似锦、莺歌燕语，每每令人遐思无限、怦然心动，但又不免会心头发热、躁动不安。正像人生身处掌声与鲜花的青春或成功之中，难免会心浮气躁、得意忘形。而云淡风轻、水天一色的清秋季节，虽然会令人偶感草木凋落的惆怅，但给人更多的是神清气爽、头脑冷静。好似人生处在低潮期，虽然会失落烦恼，却能给人更多的冷静与思考，为收获储备能量。

“自古逢秋悲寂寥，我言秋日胜春朝。晴空一鹤排云上，便引诗情去碧霄。”这是何等的洒脱与从容！

得诗家真趣　悟禅教玄机

※原文

一字不识，而有诗意者，得诗家真趣；一偈不参，而有禅味者，悟禅教玄机。

※译文

一个字也不认识，而说话却富有诗意的人，才是得到了诗的真实意趣；一句偈语也没参悟过，而说话却充满禅机的人，才是懂得了禅的深奥玄机。

※评析

是不是诗人没有关系，会不会作诗也没有关系，重要的是要有诗意。无诗有诗人，有诗人无诗。远古洪荒，人们没有知识，更谈不上认字作诗。但是他们的生活是诗意的，世界是诗化的，他们用诗性去思维，他们都是诗人，但是却没有一首流传后世的诗篇。当人们写出诗句时，诗意的生活便消失了。

是不是高僧无所谓，懂不懂偈语也无所谓，重要的是有一颗禅心。心中有佛，即使不守清规戒律，一样能悟得禅的真谛。济公酒肉穿肠而过，世人却识得他是真佛。形式和外表都不重要，重要的是我们的真心。

山间花鸟　更显天趣

※原文

花居盆内终乏生机，鸟入笼中便减天趣。不若山间花鸟错集成文，翱翔自若，自是悠然会心。

※译文

鲜花种在盆里终归缺乏生机，小鸟关进笼中就减少了天然的生趣；不如山间的花鸟相映成趣交织成美丽的图画，小鸟自由翱翔展翅高飞，自然能够使人领会到一种天然妙趣。

※评析

鲜花本是自然之物，人因为自己的嗜好偏要将它强移于花盆，栽于温室，失去了风雨的洗礼与天地的精华，再美的花也终会缺乏生机。天空才是小鸟的家，再精致的鸟笼也关不住飞翔的心，“始知锁向金笼听，不及林间自在啼”。无心的鸟儿又哪里来的天趣？

自然的东西总是让人爱不释手，而爱不释手的结果是使它们变得不再自然，人类的自私扼杀了多少原本美好的生命？失去的不能重现，那么就让残存的繁盛起来吧！抛开人心的自私与狭隘，去体会山间花鸟错集成文的天然情趣。

识乾坤自在　知物我两忘

※原文

帘栊高敞，看青山绿水吞吐云烟，识乾坤之自在；竹树扶疏，任乳燕鸣鸠送迎时序，知物我之两忘。

※译文

将窗帘高卷轩窗敞开，眺望窗外青山绿水间云烟缭绕的美景，才明白天地自然的自由自在；竹林树丛枝繁叶茂，任由乳燕和斑鸠迎送春去秋来时光交替，从而领悟到物我两忘的浑然境界。

※评析

帘栊高敞就能看见青山绿水吞吐云烟的生活，对于现代人来说无疑是一种奢求，现代人开窗能看到的通常是钢筋水泥的林立高楼。失去自然的生趣如何能领会乾坤的自在？竹树扶疏，忘却岁月短长，由乳燕鸣鸠送迎时序的境界似非人间，科技的巨手已经延伸到世界的每一个角落，想要找到一片净土似乎希望渺茫，物我两忘的境界去何处体会？失去的往往是最珍贵的，想想那些美好的岁月一去不复返，难免心生懊悔。人类在搬起石头清理障碍的同时却不小心砸了自己的脚，如何补救才是值得我们现在去反思的。

超脱物累　乐于天机

※原文

鱼得水游，而相忘乎水；鸟乘风飞，而不知有风。识此可以超物累，可以乐天机。

※译文

鱼儿在水中自由自在地游荡，却忘记了水的存在；鸟儿乘着风力展翅飞翔，却不知道有风的存在，懂得了这个道理，就可以超脱外物的束缚，就能够享受自然的乐趣。

※评析

随着年龄的增长，人们会发现害怕的东西越来越多，而获得的快乐却越来越少。那是因为我们的阅历在随着年龄不断增长，我们越来越了解到什么能使我们获得快乐。于是，我们最大限度地追求它，并时刻都在担心失去它。因此，我们日夜忙碌、忧心忡忡，而结果却是快乐离我们越来越远，苦恼占据了心灵越来越多的空间。

原来，世上很多事情知道了反而徒增烦恼，不如童年懵懵懂懂、忘乎所以时那样无忧无虑。欲望越多烦恼越多，不如处世而忘世，反可以超物而乐天。快乐有的时候就是遗忘！

闲看庭前花　漫随天外云

※原文

宠辱不惊，闲看庭前花开花落；去留无意，漫随天外云卷云舒。

※译文

不管得到恩宠还是受到侮辱都毫不惊慌，只是悠闲地欣赏庭院前的花开花落；不管升迁还是贬谪都毫不在意，只是漫不经心地随天边的云霞自由舒卷。

※评析

花开花落、云卷云舒都是大自然的变化，只是人们因自己的心境不同而为它们涂上了不同的色彩。伤春悲秋，伤的是自己，悲的也不是别人。这些所谓的悲伤只不过是人类在自寻烦恼。如果把景物的变化看成是最自然的事，也许就少了些许的惆怅，而如果把人情冷暖、富贵荣辱同样看成最自然的事，那就真的进入了超凡之境，人生也就无悲喜可言了。

只要了解人心同属自然，与花开花谢、云卷云舒并无不同，自然的规律不能改变，苛求只是徒劳，不如顺其自然，反能落得轻松自在。

福为祸本　生为死因

※原文

遇病而后思强之为宝，处乱而后思平之为福，非蚤智也；幸福而先知其为祸之本，贪生而先知其为死之因，其卓见乎。

※译文

得病以后才明白健康是人生的财富，身处乱世才知道平安和顺的生活就是福气，这并不是先见之明；身在福中却能知道这是祸患的根源，贪恋生命却明白这是死亡的缘由，这才是真正的远见卓识啊！

※评析

放马后炮的人并非智者，靠吃亏长见识的人虽不致愚蠢却也足见可悲，能居安思危、未雨绸缪的人才是智者高人。一个人的智慧在于他的洞察力和对经验的总结，运筹帷幄，事先就应该能够预测事物的变化和发展方向，所谓的先见之明就是指此。一叶落而知天下秋，需要有敏锐的视觉和丰富的经验。

能够将生死看破，将成败看透的人，才能获得非凡的智慧和心灵的永生。也只有能洞穿世事、勘破天机的人，才能认清自己的将来，找准人生的定位，取得事业的成功。

任幻形凋谢　识自性真如

※原文

发落齿疏，任幻形之凋谢；鸟吟花开，识自性之真如。

※译文

头发脱落、牙齿疏松，任凭虚幻躯壳的自然衰亡老去；莺歌燕语、花草萌动，去体悟天性永恒不变的真理。

※评析

人们不能左右自然的规律，发落齿疏、幻形凋谢是每个人都必须经历的人生阶段，对此我们无法改变。但是面对这一切的心态，我们却可以自我调整。草木在春夏秋冬中荣枯，天地在日出日落中旋转，人类在新陈代谢中轮回，世上的一切都在周而复始地变化着。

因此，人类在浩瀚的宇宙中与花草虫鱼没有什么本质的区别。花开遍野是美丽的，落英缤纷，也自是一种诗意的潇洒。在自然的怀抱中感受生命的轮回，领会生命的本真。人类的身体无法永生不灭，但人类的智慧和灵魂却可以像宇宙般浩渺。

胸中无私欲　眼前有空明

※原文

胸中即无半点物欲，已如雪消炉焰冰消日；眼前自有一段空明，时见月在青天影在波。

※译文

心中如果没有一点物质欲望，私心就会像雪消融在火炉中、冰融化在阳光下一样迅速自然；眼前如果有一分空明透彻，就能时常看见朗月挂在晴空、月影浮在水波上了。

※评析

心中如果被物质欲望填满了，如何还能装下别的东西，心胸又如何还能宽阔？只有宽广的胸怀，才能使私心杂念化为乌有，就像辽阔纯净的大海能使漂浮其上的那些污垢净化。

因此，消除物欲才能使心灵得到清洗，眼前才能空明澄澈。也只有洞明的人才明白：清风、明月、流水才是自然给予每个人的财富，而金银财宝却总是短暂的，并且在不断地更换主人，有一天也许会弃你而去。许多人为追求这短暂易失之财，而抛弃了自己万古常有的资本，结果却是人财两空，这些都是胸中物欲未除惹出的祸端。

盛衰何常　强弱安在

※原文

狐眠败砌，兔走荒台，尽是当年歌舞之地；露冷黄花，烟迷衰草，悉属旧时争战之场。盛衰何常？强弱安在？念此令人心灰！

※译文

狐狸居住的坍塌墙壁，兔子出没的荒废亭台，都是当年歌舞升平、热闹繁华的地方；寒露沾湿遍地黄花，轻烟弥漫的满川衰草，都是当年曾经金戈铁马、争斗纷纭的战场。繁华衰败变化何其无常？强弱胜负如今又在哪里？想到这些，不免叫人心灰意冷！

※评析

沧海桑田、世事变换，昨日的舞榭歌台今日只剩残垣败砌，昔日指点江山的沙场现在已成斜阳草树。即使是千古风流人物，也终会被大浪淘尽。岁月的狂流不仅卷走了弱者，也淹没了强者。宇宙万物没有什么是永恒不变的，世事如烟，人生如寄，繁华兴亡又有谁能够强留得住？

登临怀古总能激起世人心中的无限感慨与悲凉。所谓“前不见古人，后不见来者。念天地之悠悠，独怆然而泣下”，这种心境是沉浸在繁华中的人所体会不到的。也许我们今日之繁华也会成为后世“漫嗟荣辱”的对象，想及这些，又如何能不让人心灰意冷呢？

心境澄澈　天人合一

※原文

当雪夜月天，心境便尔澄澈；遇春风和气，意界亦自冲融。造化人心，混合无间。

※译文

面对雪舞静夜、月照朗空，心境就会变得清静澄澈；遇到春风拂面、气候怡人，意境也会变得通透冲和；天地造化和人心相互交融，是没有什么区别的。

※评析

遇雪夜月天，人的心境会变得清明澄澈；遇春风和气，人的意境会变得冲融祥和。人心之所以能够随天气的变化而产生不同的心理感受，是因为人与自然本为一体，天人合一，自然心灵相通。就如同身体发肤牵一发而动全身。天地的阴晴荣枯使你感动于心，是因为天地万物也于你是一体。艳阳高照是天地的笑脸，你也会在晴朗的天空下微笑。风清月白天地一片澄净，你也会陷入宁静。大自然的节拍敲打着你心灵的琴键，你的心绪也使外物洒上诗意的光辉。与天地通心便能物我两忘，造化人心，混合无间。

嗜欲天机　尘情理境

※原文

无风月花柳，不成造化；无情欲嗜好，不成心体。只以我转物，不以物役我，则嗜欲莫非天机，尘情即是理境矣。

※译文

如果没有清风明月和花草树木，就无法构成一个完整的大自然；如果没有七情六欲和爱憎好恶，就无法构成人类的身心。只要能够由我主宰万物，而不让外物来驱使我，那么一切的情欲嗜好无不是自然的机趣，尘世俗情也就是包含天理的理想境界。

※评析

清风明月、繁花绿柳是自然存在的必然，人无七情六欲便不能成其心体。天体与心体本质上并无不同，即使圣人也不得不食人间烟火。没有欲望的人不是天神便是草木，只有欲望的人则接近于禽兽。圣人亦不能无情。圣人超乎凡人之上者，在其富有智慧。而喜怒哀乐之情则本于自然之性，圣人当与凡人无异。只不过凡人往往溺于情中，为情所累而不能自拔，圣人则情不系于所欲，能限情于理内而已。

其实只要合情合理，人的欲望是应该得到满足的，否则，人何以图生存？没有生存又何以修省？只要不成为物欲的奴隶，能够控制对物欲的贪念，通过自律使外物服务于自我，便能达到心性澄明、洞穿尘情的境界。

知哀破尘情　知乐臻圣境

※原文

羁锁于物欲，觉吾生之可哀；夷犹于性真，觉吾生之可乐。知其可哀，则尘情立破；知其可乐，则圣境自臻。

※译文

被物质欲望所束缚，就会觉得我们的人生是悲哀的；徜徉于本性中不脱离它，就会觉得我们的生活是愉快的。懂得被物欲束缚的悲哀，世俗的情欲就可以立刻消除；知道生活在本性中的快乐，神圣的境界就自然能够达到。

※评析

人生在世，如果把功名物欲看得过重，就会不知不觉为自己戴上一副沉重的枷锁。如同被奴役的牛马一样，失去了自我，整日在劳作忙碌中度过，人生怎会有快乐可言？只有不失本真，随心所欲、率性而为才能使身心得到放松。因此，明智的人往往不把名利过于当真，他们追求的是一种淡泊的生活态度。淡泊是一种高尚的境界。

如果每个人都能存有一颗淡泊之心，不断反省自己、修养身心，人间就会充满宁静祥和之气了。

登高心旷　临流意远

※原文

登高使人心旷，临流使人意远。读书于雨雪之夜，使人神清；舒啸于丘阜之巅，使人兴迈。

※译文

登上高山会使人心胸开阔，面对清流会使人神清意远；在雨雪之夜读书，使人思路清晰；在山巅之上长啸呐喊，会使人兴致豪迈。

※评析

杜甫云："会当凌绝顶，一览众山小。"王安石曰："不畏浮云遮望眼，只缘身在最高层。"当你艰难攀登时，提升的不只是你的身体，也是你的心灵境界；当登高远眺之时，一切蒙蔽你双眼和心灵的东西都被踩在了脚下，有了超然高远的心智，即使"荡胸生层云"，心灵也不会被表象、物欲所遮蔽。

同样，临流观景，心静意远；雪夜读书，神清气爽；舒啸丘阜，意兴豪迈。大自然的赐予总能让我们受益匪浅。心灵的清明更加离不开自然的荡涤，当尘埃落定，一切归于平静后，心湖便能自鉴鉴人。

万钟一发　只在寸心

※原文

心旷，则万钟如瓦缶；心隘，则一发似车轮。

※译文

心胸开阔，看待万钟的财富就像瓦罐一样不值钱；心胸狭隘，一根头发也会被看得像车轮一样重要。

※评析

世间之事原本没有什么区别，不同的是世人看待它的态度罢了。翱翔天际的雄鹰与坐井观天的青蛙所看到的天空本质上没什么不同，只不过它们的视野与心胸各异，因此所得的结论便有了天壤之别。

活在自己小天地中的人，心胸是狭隘的，周围的细小变化都逃不过他们的双眼，因此他们把一切都看得太过认真，随时都会草木皆兵。而心胸宽广的人，不会斤斤计较于个人的得失，他们能放下尘世浮华，对人对己都不苛求，以开阔宽容的心态面对人生，就如同弥勒佛，只有大肚能容，方能笑口常开。